地理学
定量方法与应用

彭远新 ◎ 著

DILIXUE

DINGLIANG FANGFA

YU

YINGYONG

北京理工大学出版社

BEIJING INSTITUTE OF TECHNOLOGY PRESS

内 容 提 要

本书在阐明地理计量方法基本原理的基础上，讲述定量计算方法与技巧。全书共十二章，主要内容包括绪论、地理数据采集与处理方法、地理数据分布的集中与均衡度的指数、相关系数、回归分析、时间序列分析、聚类分析方法、指标降维方法、事件发生概率预测、层次分析法、投入产出分析法、社会物理学研究方法等。

本书内容简明易懂，计算过程详细，条理清晰，具有较强的实用价值，可以作为高等学校地理科学类相关专业的教材，也可以作为其他专业学习定量化方法的参考书籍。

版权专有　侵权必究

图书在版编目（CIP）数据

地理学定量方法与应用 / 彭远新著. —北京：北京理工大学出版社，2020.5

ISBN 978-7-5682-8420-2

Ⅰ.①地…　Ⅱ.①彭…　Ⅲ.①计量地理学－定量方法－高等学校－教材
Ⅳ.①P91

中国版本图书馆CIP数据核字（2020）第073908号

出版发行 / 北京理工大学出版社有限责任公司
社　　　址 / 北京市海淀区中关村南大街5号
邮　　　编 / 100081
电　　　话 / （010）68914775（总编室）
　　　　　　（010）82562903（教材售后服务热线）
　　　　　　（010）68948351（其他图书服务热线）
网　　　址 / http://www.bitpress.com.cn
经　　　销 / 全国各地新华书店
印　　　刷 / 天津久佳雅创印刷有限公司
开　　　本 / 710毫米×1000毫米　1/16
印　　　张 / 11　　　　　　　　　　　　　　责任编辑 / 王晓莉
字　　　数 / 158千字　　　　　　　　　　　　文案编辑 / 王晓莉
版　　　次 / 2020年5月第1版　2020年5月第1次印刷　　责任校对 / 周瑞红
定　　　价 / 65.00元　　　　　　　　　　　　责任印制 / 边心超

前 言 Preface

地理学是一门实践性很强的学科，是在解决现实问题中发展起来的。对地理现象进行分析和研究时，除了科学的思想、理论指导外，还需要科学的研究方法。地理学研究有多种方法，利用统计学、数学方法建立模型进行定量研究是其中重要的方法之一。利用定量化方法比传统的文字描述要更加严谨，分析结果也更容易被接受。地理学想要更加科学化，就需要大量的定量方法。

现在许多初学者和数学基础不好的学者在对地理问题进行定量分析时，常遇到计算上的困难。尽管有较多的书籍对地理定量方法进行研究，但是大多是理论分析和理论推导，具体操作讲述较少。随着计算机的普及和计量软件的推广，各种使用方便的计量软件得到广泛应用。同时，传统的地理学定量方法学习资料已不适应发展需要。因此，减少数学理论、数学公式的推导、计算，增加定量思想和软件应用的学习变得更加重要。在此背景下，笔者结合自己多年的学习和教学实践，撰写了本书。

由于现在计量方面的软件较多，有一部分还

要有一定的编程基础，因此本书主要选择最为常用且易于掌握的软件来讲述，这些软件主要是Excel、SPSS、Matlab等。对于大多数初学者来说，Excel、SPSS、Matlab等定量分析的软件都不太会使用；因此，在定量方法涉及操作时，本书都进行了较为详细的介绍。当然如果要深入了解这些软件，还要靠学习者参考其他书籍进行更细致深入的学习。

由于作者水平有限，书中难免有许多不妥之处，敬请专家批评指正。

彭远新

目 录 Contents

第一章 绪 论

在对地理事物研究过程中，用来发现新现象、新事物，或提出新理论、新观点，揭示事物内在规律的工具和手段，称为地理学的研究方法。地理学的研究方法按照不同的分类标准可以有多种类型，如文献调查法、问卷调查法、比较分析法、野外调查法、实验研究等，按照研究手段一般分为定性研究和定量研究两种类型。

一、定性研究与定量研究

1. 定性研究

在定性研究中，"性"是指事物的性质，定性研究主要是通过分析、比较等方法对地理事物进行抽象和概括，对地理事物进行"质"的方面的研究。定性研究包括没有定量分析的纯定性研究和定量分析基础上的定性研究两类，目前的定性研究多指没有定量分析的纯定性研究。定性研究的结论多以文字表述为主，如古代地理书籍中对山川、河流等的描述性记载。

2. 定量研究

定量研究主要对地理事物的数量特征、数量关系、数量变化等进行分析，揭示地理事物之间的相互关系和发展规律。定量研究是根据统计数据建立数学模型，并对模型进行计算而得出结论。定量研究的过程和结果多以数据、图表等形式进行表达。定量研究的显著特点表现在对数据、定量方法的依赖性较强，研究结果比较精确，研究过程具有可重复性。

3. 定性研究与定量研究二者的关系

数学具有严谨性、抽象性、应用广泛性等特点。所谓严谨性，是指数学具有很强的逻辑性，在论证过程中有严格的规则，不能违背。由于数学在科学发展中的巨大作用，因此有人说"数学是一切科学之母"。地理学在发展过程中借助数学方法对地理事物进行研究，有助于地理学进一步发展，摆脱过去模糊的描述，使之发展成为一门科学。定量研究是地理学的发展趋势，不过也不能过度追求定量。把事物或规律以最简单，最简洁的形式来表达是科学研究的重要原则，部分地理学者过分推崇定量化，导致满篇推导公式，最后不知所云，则是误入歧途。

定量研究固然非常重要，当然也不能完全忽视定性研究。定性研究和定量研究分别从不同的角度，在不同的层面，用不同的方法对同一事物的"质"进行研究。定性研究和定量研究各有优缺点，无所谓孰好孰坏，过分偏重于定量研究，往往导致简单问题复杂化，不易被人们理解和接受。

定性研究是定量研究的基础，定量研究是定性研究的精确化，二者应该相互补充，不能截然分开，未来发展趋势是二者不断融合。地理学涵盖内容非常广泛，自然地理学各分支学科比较适合定量研究；人文地理学内容涉及经济、文化等方面，有些不便于定量研究，可以进行适当定性研究，如在地理信息技术基础上形成的定性地理信息系统，就成为人文地理学研究中的新手段。

二、地理学定量研究历程

地理学从萌芽到现代，已经有 2 000 多年的历史了。在 20 世纪 50 年代之前多以定性研究为主，在经历计量革命和地理信息系统出现后才进入大规模定量研究时代。

1. 地理学发展危机

工业革命之前的古代地理学主要对地理现象进行描述记载，如《尚书·禹贡》中关于九州的划分和九州土地肥力评价等。工业革命后，主要是对各种地理现象进行分类归纳，如对地球进行温度带划分等。在近代地理学（19 世纪至第二次世界大战期间）发展阶段，地理学出现了以赫特纳、哈特向为代表的区域学派，以洪堡、白兰士为代表的人地关系学派，以及以施吕特尔、苏尔等为代表的景观学派。其中区域学派为主流学派，区域学派认为地理学的研究对象是区域，主要任务是对区域的自然、人文等要素进行描述和解释，例如，现在大学地理专业中的"世界地理"和"中国地理"课程中的内容。区域学派对区域研究主要是对地理现象的罗列，描述冗长、单调，这导致地理学发展缓慢，出现了危机。因此在 1948 年，哈佛大学率先取消地理系，欧美其他一些高校纷纷仿效，也取消了地理系。这股风在改革开放后也影响到中国，1994 年至 1998 年有关部门把地理从高考科目中取消，国内高校地理系也纷纷改名，以便招生和发展。

2. 计量革命

舍费尔等学者对区域学派进行批判，认为地理学不应止步于罗列现象，而应该向物理、数学等学科一样追求探索法则，对地理现象进行解释。对区域学派的批判和否定拉开了地理学计量革命的帷幕。计量革命开始于20世纪50年代，兴盛于20世纪60年代，是地理学研究方法的一次重大革新。地理学者把数学方法应用到地理学研究中，使地理学研究从定性研究走向定量研究。计量革命挽救了地理学，使欧美等国的很多老牌地理系因计量革命的影响而免于消失。

3. 地理信息科学发展

地理信息科学是地理学、地图学、遥感、计算机科学相结合而产生的一门综合性学科，主要用于输入、存储、查询、分析和显示地理数据。地理信息系统出现于20世纪50年代，真正广泛普及是在20世纪80年代以后。地理信息科学的发展又一次推动地理学发展，尤其是在定量研究方面。正是由于地理信息科学的蓬勃发展，在2006年哈佛大学建立地理分析中心，这标志着地理学重新回到哈佛大学。

三、定量研究基础

地理学定量研究除了需要地理学知识外，对统计学、数学、计算机应用技能也有一定的要求。如果对统计学、数学、计算机应用技能等掌握较差，很难做好地理学定量研究。

1. 统计学

统计学起源于社会经济问题研究，曾被称为"研究国家的科学"。统计学是有关分析对象数量特征和数量关系的科学，主要通过搜集整理数据、分析数据，发现研究对象数量规律。由于统计学的定量研究具有客观性、准确性和可检验性的特征，所以统计方法就成为地理学定量研究的最重要的方法，广泛适用于自然地理、人文地理学各领域。

2. 数学

数学在人类社会发展过程中发挥着不可替代的作用，是学习和科研过程中必不可少的基本工具。在地理学定量研究过程中需要一定的数学作为基础，否则很多公式不能正确理解和应用。现在大学地理专业一般都开设数学课程，学习内容主要是"高等数学"，部分学校还开设"概论与统计"课程。

3. 计算机应用技能

在应用统计学、数学知识解决地理问题时，有时涉及复杂的运算，单凭人力去运算费时费力，结果也未必正确。借助计算机和SPSS、Matlab等软件可以很好地解决上述问题。因此一定的计算机应用技能是地理学定量研究所必需的。

四、定量研究注意事项

1. 数据的真实性

对地理进行定量研究的基础是地理数据，如果数据是真实的，就有可能推导出正确的结论。如果数据是错误的，那么推导出错误结论的可能性就非常大。在进行地理研究时，发现数据错误或者异常是常有的事情，如一些统计数据在统计或印刷出版时，由于粗心就可能出现异常。

2. 模型的正确性

在真实数据的基础上，选择正确的数学模型，才能得到科学的结论。例如利用模型

$$军事资源＝军事人员＋军事支出$$

研究中美两国军事力量时，如果军事人员为中美两国军

事人员数量占全球的比例,军事支出为中美两国军费开支数据占全球的比例,从而推导出中国军事实力超过美国,结论显然不符合实际,因为模型没有考虑到各种武器性能差异等方面因素。这个例子告诉研究者一定要对研究对象熟悉,对模型各参数含义和模型适用领域要清楚。

第二章　地理数据采集与处理方法

第一节　地理数据类型

　　地理数据是与地球上某一地点有直接或间接关联的数据，如关于地理位置、分布特点等的自然现象和人口分布、经济发展状况等社会现象的数据。地理数据包含空间位置、属性特征及时态特征，是地理定量研究的基础。按照不同属性和数据来源等可以分成不同类型。

一、空间数据、属性数据

1. 空间数据

　　空间数据是与地理事物或现象有关的地理位置、空间范围、空间联系相关的数据，包含点状数据、线状数据、面状数据等类型。

2. 属性数据

　　属性数据是描述地理事物或现象有关属性特征的数据，如气温高低、降水多少、经济发展状况等数据。属性数据又可以分为分类数据、顺序数据、数值型数据。分类数据是进行分类的数据，如城市、乡村的数据；顺序数据是表示地理事物或现象等级的数据，如一线城市、二线城市、三线城市等。数值型数据就是对地理事物或现象进行测量、观测等的数据,地理数据绝大多数是数值型数据。

二、实验数据、观测数据

1. 实验数据

实验数据是通过做实验获得的数据。

2. 观测数据

观测数据是通过调查或观测而获得的数据。

三、时间序列数据、截面数据

1. 时间序列数据

时间序列数据是指同一地理事物或现象在不同时间的数据,数据是按照时间先后顺序排列,主要反映研究对象随时间变化的状况。表 2.1 所示山东省 2010 年至 2015 年的地区生产总值就是时间序列数据。

表 2.1　山东省地区生产总值　　　　　　　　　　亿元

年份	2010	2011	2012	2013	2014	2015
GDP	39 169.92	45 361.85	50 013.24	55 230.32	59 426.59	63 002.33
资料来源:2016 年山东统计年鉴。						

2. 截面数据

截面数据是在同一时间,不同地理事物或现象相同统计指标组成的数据列。在对区域进行社会、经济分析时常用。表 2.2 中数据是由山东省 17 地市 2010—2015 年旅游外汇收入组成的截面数据。

表 2.2　山东省 17 地市旅游外汇收入　　　　　　　万美元

年份	2010	2011	2012	2013	2014	2015
济南市	11 354	14 228	16 034	15 127	17 058	18 419
青岛市	60 104	68 933	82 459	79 363	82 284	91 798
淄博市	9 206	11 441	12 801	11 574	9 412	9 565
枣庄市	824	976	1 078	770	816	720
东营市	3 128	4 126	5 082	4 772	5 055	5 188
烟台市	37 707	46 816	48 146	46 313	47 242	51 859
潍坊市	16 238	20 535	25 258	23 182	21 630	21 976
济宁市	17 118	17 767	18 413	15 965	13 508	14 615
泰安市	18 380	21 852	25 745	23 223	22 508	23 559
威海市	19 151	21 855	25 283	23 851	24 221	25 134
日照市	9 795	11 497	13 583	12 416	12 786	11 808
莱芜市	314	463	611	506	475	482
临沂市	7 717	9 057	11 325	10 232	9 755	9 807
德州市	1 752	2 105	2 195	1 894	563	517
聊城市	1 580	2 118	2 703	2 392	2 539	2 516
滨州市	898	1 058	1 345	1 268	1 289	1 375
菏泽市	239	249	302	273	284	311

资料来源：2016 年山东统计年鉴。

四、一手数据、二手数据

1. 一手数据

一手数据是通过调查研究等直接获得的数据，可信度比较大，但获取时间较长、成本较高。

2. 二手数据

二手数据是从书籍、论文、统计资料等方面获得的数据，二手数据多经过其他人加工整理。二手数据的优点是获取成本较低、方便，缺点是需要研究者去甄别、梳理。

五、常用的几个基本概念

1. 样本

研究中实际观测或调查的一部分个体称为样本，研究对象的全部称为总体。

2. 变量

在函数关系式中，某些特定的数会随着一个(或几个)数的变化而变化，这类数据就称为因变量。如函数 $y=f(x)$，此式表示为：当 x 发生变化时，y 也随着变化。y 的变化取决于 x 的变化，y 值因 x 值变化而变化。y 被称为因变量，x 称为自变量。

自变量影响因变量，而不是因变量影响自变量。如研究父亲身高和儿子身高关系时，父亲身高为自变量，儿子身高为因变量。父亲身高可以影响儿子身高，反之，则错误。

第二节　地理数据的来源与预处理

数据是科学实验、检验、统计等所获得的和用于科学研究、技术设计、查证、决策等的数值，与地理问题相关的数据称为地理数据。

一、地理数据的来源

地理数据既可以通过实验、调查等方式直接获得，也可以从书籍、文章、调查报告等处获得。地理数据的获取途径很多。

(1)来自实验、观测等方面的数据。例如在地质学研究中许多测年数据，需要采集测年材料，在实验室进行检测；天气预报中的气温、风速等来自气象部门的观测等。

(2)来自统计部门的数据。例如从政府每年都出版的统计年鉴上可以获得 GDP、人口、农业、工业、旅游等许多数据。统计年鉴种类很多，有一般的统计年鉴，也有不同部门、不同产业等出版的统计年鉴，如能源统计年鉴、环境统计年鉴、工业统计年鉴、高新技术产业统计年鉴等。

(3)来自调查的数据。有些单位和个人出于科研等目的会进行社会调查，例如由中国人民大学中国调查与数据中心负责的中国综合社会调查(Chinese General Social Survey，CGSS)项目，自 2003 年起，每年一次，对中国大陆各省市自治区 10 000 多户家庭进行连续性调查，系统、全面地收集社会、社区、家庭、个人多个层次的数据。

(4)来自政府部门的政府工作报告、政府文件等的数据。例如每年的各级人大会议上，政府领导所做的工作报告中就含有社会、经济发展的相关数据。

(5)来自图书、论文中的数据。例如一些专家出版的书籍里面的数据，一些学者发表的论文中的数据。

(6)来自网络的数据。现在网络异常发达，有些数据会出现在网络上，经过甄别也可以用于科研。

(7)来自地图的数据。例如一些地形图、地质图、社会经济方面的专题地图等。

(8)遥感数据。它是通过对遥感影像的解译获得的数据。遥感数据可以自己解译，也可以购买别人解译好的数据。

二、地理数据的预处理

在获取地理数据过程中，要对数据进行预处理，主要包括资料检查、统计分组和绘制图表。

1. 资料检查

资料检查，主要检查数据是否完整，避免遗漏或者错误。

2. 统计分组

为了了解地理事物的特征、分布规律等，要对数据按照不同的类型或性质进行分组。可以按照属性或者数量进行分组，如对 GDP 按照增长速度进行分组；对不同的省区按照东中西部进行分组等。表 2.3 展示的是 1978 年、1990 年、2000 年、2016 年中国城乡人口变化比例情况，可以看出城镇人口比例在上升，乡村人口比例在逐步下降，清楚地展示了中国城市化发展进程。

表 2.3　中国城乡人口变化比例　　　　　%

年份	1978	1990	2000	2016
城镇	17.9	26.4	36.2	57.4
乡村	82.1	73.6	63.8	42.6

3. 绘制图表

把数据绘制成图表便于分析，学者们普遍认为"文

不如表，表不如图"，好的图表可以涵盖许多文字才能
表达清楚的东西。图 2.1 展示了非洲国家卢旺达人口变
化情况，从图中可以看出卢旺达在 1990 至 1995 年人口
不断减少。原因是 1990 年卢旺达开始内战，导致人口
大量死亡和逃难，尤其是 1994 年胡图族对图西族及胡
图族温和派大屠杀，共造成 80 万～100 万人死亡。自
从 1995 年民族和解后，国内恢复了和平，人口数量又
不断增长。

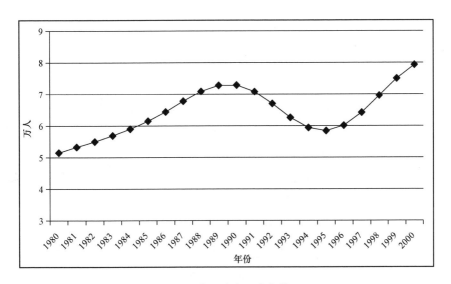

图 2.1　卢旺达人口变化情况

（来源：http://tieba.baidu.com/p/5860778963）

三、绘制图表的方法

目前绘制图表的软件比较多，例如 Office、SPSS、
Matlab 等可以作图。最为常用而且用起来比较方便的
就是 Office 软件。Office 软件现有 Office 2003、Office
2007、Office 2010、Office 2013、Office 2016 等版本，
Office 软件中的 Word、Excel 都有绘制图表的功能。

Office 2003 版本较早，Office 2007 版本及以上的版本界面风格接近。在此以比较经典的 Word 2007、Excel 2007 为例，讲述绘制图表的方法。

1. 绘制表格

在 Word 2007 中找到工具栏中的"插入"命令，单击后出现"表格"命令。如果只是想简单绘制表格，单击"表格"命令后，直接拖动鼠标选中想要的行、列即可绘制表格。也可以选择"插入表格"命令，在里面设置行、列数量。然后在顶部出现的功能区部分选择不同表格类型。

如果想得到不同的表格样式，还可以在"表格"命令中选择"快速表格"命令，这时窗口会出现内置工具，里面有一些表格样式，点选其中的样式后，Word 文档顶部出现不同的表格样式，左侧顶部会出现"表格样式"选项，可以点选"标题行""最后一行"等命令。这样就可以绘制出常见的表格类型，在表格中填入文字和数字就制作完成了。

2. 绘制图形

在 Word 2007 中找到工具栏中的"插入"命令，在工具栏中单击"图表"命令，在出现的"插入图表"选项中选择图形，单击确定后出现相应图形和一份带有数据的 Excel 表格，对表格中的数据进行修改，就可以得到想要的图形。

虽然在 Word 2007 中也能作图，但比较方便、直观的作图还是在 Excel 2007 中，在 Excel 表格中输入数据后，单击"插入"命令，页面顶部出现"柱状图""折线图"等命令，在每个命令中又包括不同的亚类型，作图者可以从中选择自己喜欢的类型。

第三节　地理数据预处理常用指标

一、常见特征值

1. 频数

频数是指一组数据中具有某种特征的数值出现的次数。

2. 累计频数

累计频数是将各类别的频数逐级累加得到的频数，又可以分为向上累计频数和向下累计频数。向上累计频数的特征是从数据小的一侧开始向数值大的一侧，频数逐渐累加。向下累计频数就是从数值大的一侧开始向数值小的一侧累加得到的频数。通过累计频数大小，可以很方便地看出某一类别（或数值）以下及某一类别（或数值）以上的频数之和。

3. 频率

频率即某一事件发生的次数除以总的事件数目，或者某一数据出现的次数除以这一组数据总数量。频率通常用比例或百分数表示。

例如，2016 年对 6 岁和 6 岁以上人口进行受教育程度的抽查，共抽查人口总数为 1 077 322 人，其中不同文化程度的人数见表 2.4，表 2.4 中同时计算出频率、频数、向上累计频数和向下累计频数。由于频数计算涉及四舍五入问题，因此总频数、向上累计频数和向下累计频数结果是 99.99%，近似 100%。在表 2.4 中可以看出在向上累计频数中，普通高中以下（含普通高中）学历在总人口中的比例是 82.90%；在向下累计频数中，普通高中以上学历在总人口中的比例是 17.09%。

表 2.4　2016 年全国人口受教育程度抽样调查数据

类别	人数/人	频数/人	频率/%	向上累计频率/%	向下累计频率/%
未上过学	61 448	61 448	5.70	5.70	99.99
小学	275 939	275 939	25.61	31.31	94.29
初中	418 395	418 395	38.84	70.15	68.68
普通高中	137 409	137 409	12.75	82.90	29.84
中职	44 762	44 762	4.15	87.05	17.09
大学专科	74 338	74 338	6.90	93.95	12.94
大学本科	59 235	59 235	5.50	99.45	6.04
研究生	5 796	5 796	0.54	99.99	0.54
总计	1 077 322	1 077 322			

来源：2017 年中国统计年鉴。

根据表 2.4 中的数据，可以在 Excel 中做出频率分布柱状图、频数分布折线图。作频率分布柱状图时，选中"频率"和"类别"两组数据，在工具栏单击"插入"命令，在"插入"命令中选择柱状图，即可完成频率分布柱状图。由于只有一组分析数据，可以把图例删掉。纵轴、横轴的字体大小可以通过鼠标右击纵轴、横轴，单击后出现字体大小和颜色等命令，可以对字体、颜色等进行修改（图 2.2）。同理，可以做出频率分布折线图（图 2.3）。

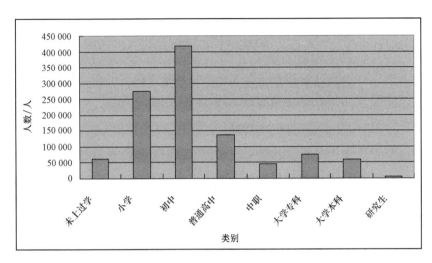

图 2.2 频率分布柱状图

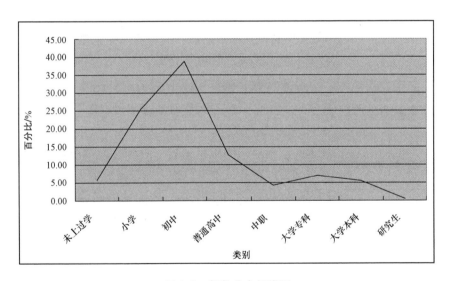

图 2.3 频数分布折线图

4. 组中值

组中值是一组数据的上限值和下限值的平均数，反映各组数值的平均水平。

二、描述地理数据集中趋势的指标

数据在分布中心位置集中的现象称为集中趋势，常用描述指标有平均数、中位数和众数。

(一)平均数

平均数是表示数据集中趋势的常用指标。它用于反映地理现象的一般水平或分布的集中趋势。平均数计算比较简单，但容易受到极端值影响，例如一位年收入100万元的富翁和一位一无所有的穷汉进行平均数计算，穷汉变成年收入50万元，因此利用平均数进行统计分析时，有时会引起争议。在平均数中，常用的是算术平均数和几何平均数。

1. 算术平均数

(1)简单算术平均数。简单算术平均数就是大家比较熟悉的平均数，计算公式为

$$\bar{x} = \frac{x_1 + x_2 + x_3 + \cdots + x_n}{n} = \frac{1}{n}\sum_{i=1}^{n} x_i \quad (2.1)$$

(2)加权算术平均数。这里的权就是权重，权重是指某一因素或指标相对于某一事物的重要程度。加权算术平均值即将各数值乘以相应的权重后求和，然后用总和再除以权重之和[见(式2.2)]。加权算术平均值的大小不仅取决于变量值的大小，还取决于各数值的权重。加权算术平均数计算公式如下：

$$\bar{x} = \frac{f_1 x_1 + f_2 x_2 + f_3 x_3 + \cdots + f_n x_n}{\sum f_i} \quad (2.2)$$

例如在计算大学生学习成绩时，平时成绩、期中成绩、期末成绩所占权重不同，最后计算出来的成绩就是加权平均成绩。表2.5是某两位大学生的成绩和成绩权

重，用简单算术平均数计算的平均成绩都是 88.3，用加权算术平均数计算出的成绩有显著差异，由此看出权重值大小对最终成绩有较大影响。

表 2.5　某两位大学生的成绩和成绩权重　　　　　　　　　　分

成绩	平时成绩	期中成绩	期末成绩	平均成绩	加权成绩
甲	80	90	95	88.3	92.5
乙	95	90	80	88.3	83.5
权重	10％	20％	70％		

2. 几何平均数

几何平均数是对 n 个变量的连乘积开 n 次方根值，主要是用于对数个比率或者数个指数进行平均值计算，计算出平均发展速度。因此常用于分析国民经济、企业生产、人口变化等的平均发展速度。几何平均数一般计算公式如下：

$$\overline{x} = \sqrt[n]{x_1 \times x_2 \cdots \times x_n} \qquad (2.3)$$

进行开方时，可以利用 Excel 表中的计算功能。在 Excel 表中开方有两种方法：①利用计算机键盘上"＾"命令，在"＾"命令后输入开方次数，如果是分数形式，必须输入在括号内；②利用 power 命令，采用 power(A，n)形式，A 为要计算数值，n 为要开的方次。如根据表 2.6，可以计算某地区平均经济发展速度为 2.56％。

表 2.6　某地区经济发展速度

年份	2013	2014	2015	2016	2017
增速/％	1.38	3.05	3.12	3.0	2.8

3. 分组平均数计算

除了常见的数据平均计算外，有时候还需要对分组的数据进行平均值计算，计算方法和常见平均值不同，并且还可以分为常用分组平均数计算和分组几何平均数计算。

(1)常用分组平均数计算。常用分组平均数计算方法见式(2.4)，式中 f_i 为各组的频数，x_i 为各组的组中值。

$$\overline{x} = \frac{\sum\limits_{i=1}^{n} f_i x_i}{\sum\limits_{i=1}^{n} f_i} \tag{2.4}$$

(2)分组几何平均数计算。此类几何平均数不常用，计算方法见式(2.5)，式中 x_n 为各组的组中值，f_n 为第 i 组的频数，m 为各频数之和。

$$\overline{x} = \sqrt[m]{x_1^{f_1} \times x_2^{f_2} \cdots \times x_n^{f_n}} \tag{2.5}$$

表 2.7 中给出了某班级学生成绩统计分组情况，根据常用分组平均数公式计算可知平均成绩为 73.40；利用分组几何平均数计算平均成绩为 72.71(近似值)。

表 2.7 某班级学生成绩统计

分数档次/分	组中值/分	人数/人	向上累计频率/%	向下累计频率/%
40~50	45	1	1	50
50~60	55	2	3	49
60~70	65	15	18	47
70~80	75	20	38	32
80~90	85	10	48	12
90~100	95	2	50	2

(二)中位数

中位数是数据按照从小到大的顺序排列后，处于中间位置的数值。即在这组数据中，比中位数大的数据和比中位数小的数据各有一半。中位数的大小与数据的排列位置有关，某些数据较小的变动对它没有影响，而且中位数不易受数据极大值、极小值的影响。因此在进行统计分析时，如计算平均收入等，采用中位数比直接用平均数要客观些。

计算中位数首先要进行排序，数据较少时可以直接通过观察排序。如果数据较大，采用 Excel 软件中排序功能比较方便，Excel 表格中有升序、降序排列命令，单击即可实现。中位数有分组和未分组两种计算方法。

1. 未分组的中位数

如果数据组 n 是偶数，那么中位数就是中间两个数的平均值；如果数据组 n 是奇数，用 $m_{0.5}$ 表示中位数，那么中位数所在位置的计算公式如下：

$$m_{0.5} = (n+1)/2 \qquad (2.6)$$

根据表 2.8 中的数据可以计算中位数为 16.95 ℃。

表 2.8　某地逐月气温　　　　　　　　　　℃

原始数据	−0.6	3.8	10.6	17.4	20.8	25.1	27.6	27.7	23.6	16.5	8.5	3.7
排序数据	−0.6	3.7	3.8	8.5	10.6	16.5	17.4	20.8	23.6	25.1	27.6	27.7

2. 分组的中位数

分组的中位数计算公式有两个，分别如下：

$$M_{0.5} = L + d \times \frac{\frac{1}{2}\sum_{i=1}^{n} f_i - S_{m-1}}{f_m} \qquad (2.7)$$

$$M_{0.5} = U - d \times \frac{\frac{1}{2}\sum_{i=1}^{n} f_i - S_{m+1}}{f_m} \qquad (2.8)$$

式中，L、U 分别表示中位数所在组的下限值和上限值；d 表示下限值和上限值的差值；f_i 表示频数；f_m 表示中位数所在组的频数；$\frac{1}{2}\sum_{i=1}^{n} f_i$ 的值表示中位数所在组；S_{m-1} 表示中位数所在组所对应的向上累计频数前面的累计频数值；S_{m+1} 表示中位数所在组所对应的向下累计频数后面的累计频数值。表 2.7 中，$\frac{1}{2}\sum_{i=1}^{n} f_i$ 值为 25，由此确定中位数所在组为 70～80 这组，频数为 20；它的向上累计频数是 38，由此确定 S_{m-1} 值是 18，向下累计频数是 32，S_{m+1} 值就是 12。利用公式，对表 2.7 中的数据进行计算，答案都是 73.5。

$$M_{0.5} = 70 + 10 \times \frac{25 - 18}{20}$$

$$M_{0.5} = 80 - 10 \times \frac{25 - 12}{20}$$

(三)众数

众数就是一组数据中出现次数最多的数值。众数是数据中的数值，不是该数据出现的次数。众数不像平均数、中位数那样，一组数据只有一个值，众数可以有数个，也可能没有。

1. 未分组的众数

对于未分组的数据要找出众数比较容易，如表 2.9 某中学地理教师年龄中众数是 30 岁。

表 2.9　某中学地理教师年龄

标号	1	2	3	4	5	6	7	8	平均	众数
年龄/岁	22	25	30	30	33	35	40	42	32.13	30

2. 分组的众数

分组的众数计算公式有两个，分别如下：

$$M_0 = L + d \times \frac{\Delta_1}{\Delta_1 + \Delta_2} \tag{2.9}$$

$$M_0 = U - d \times \frac{\Delta_2}{\Delta_1 + \Delta_2} \tag{2.10}$$

式中，L、U 分别表示中位数所在组的下限值和上限值；d 表示下限值和上限值的差值；Δ_1 表示众数所在组的频数与其前面一组频数之差；Δ_2 表示众数所在组的频数与其后面一组频数之差。例如表 2.7 中，众数所在组为 70～80 这组，频数为 20，那么它前面组的频数是 15，后面组的频数是 10，$\Delta_1 = 5$，$\Delta_2 = 10$。利用上面的公式计算众数值为 70.3（四舍五入）。

三、离散程度衡量指标

离散程度是指同类指标分布相对于某一中心指标而言的偏离程度。分析数据离散程度可以了解数据之间的差异大小。

（一）极差

极差就是一组数据中最大值和最小值的差，它可以反映数据的变异范围和离散程度。极差越大，离散程度越大，反之，离散程度越小。极差的优点是计算简单、含义直观。但是它取决于最大值和最小值的差异，不能反映其他变量分布情况。如 2017 年中国国内生产总值最大的省份是广东省，最小的省份是西藏自治区。广东省国内生产总值是 80 854.91 亿元，西藏自治区国内生产总值是 1 151.41 亿元，二者差值是 79 703.5 亿元，反映出省与省之间地区生产总值差异很大的状况。极差计算公式：

$$R = X_{\max} - X_{\min} \tag{2.11}$$

式中，R 表示极差值，$X_{\max}$ 表示数据中的极大值，$X_{\min}$ 表示数据中的极小值。如果数据较多，极值不易找出，可以在 Excel 中利用极大值、极小值命令找出极值。极大值命令为 MAX()，极小值命令为 MIN()。

(二)离差

离差是一组数据中单个数据与数据平均值之间的差值。它可以衡量单个数据与平均值之间的离散程度，离差值的正负号可以指示数值在平均值上下的方向。离差计算公式如下：

$$d_i = x_i - \overline{x} \tag{2.12}$$

式中，d_i 表示离差值，x_i 表示具体数值，$\overline{x}$ 表示各数据的平均值。对于分组的数据离差，x_i 表示组中值，$\overline{x}$ 表示分组计算的平均值。例如表 2.10 中的离差值就表示 9 个地区降水量值与平均值 329.38 的差值，正号表示降雨量大于平均值，负号表示降雨量小于平均值。在 Excel 中用平均值命令计算出平均值，然后在单元格中输入数据单元格的列行号，接着输入计算出来的平均值，回车后即可得到答案。选中该答案，用鼠标按住黑框右下角的黑色方块，进行拖拉就可以算出其他数据。

表 2.10　山东 9 市某年 7 月降水量　　　　　　　　　　mm

地区	济南	青岛	淄博	枣庄	东营	烟台	潍坊	济宁	泰安
降水量	384.3	168.1	396.7	409.8	323.0	362.7	255.4	264.6	399.8
离差	54.92	−161.28	67.32	80.42	−6.38	33.32	−73.98	−64.78	70.42

(三)离差平方和

离差平方和即离差值平方后之和。离差是许多数据，不易判断离散程度，并且离差之和是 0，缺少应用价值。而离差平方和则是一个具体数值，方便衡量离散程度。未分组的离差平方和计算公式如下：

$$d^2 = \sum_{i=1}^{n}(x_i - \overline{x})^2 \qquad (2.13)$$

根据式(2.13)，表 2.10 中数据的离差平方和是 55 806.2。在 Excel 中利用求平方的命令计算出单个结果，然后利用自动求和命令即可得出最终结果。

分组的离差平方和计算公式如下：

$$d^2 = \sum_{i=1}^{n}(M_i - \overline{x})^2 \times f_i \qquad (2.14)$$

式中，M_i 为组中值，f_i 为数据的频数，$\overline{x}$ 为分组计算的平均值。

(四)方差

方差是每个数据与数据平均值之差的平方值的平均数。如果数据分布比较分散，各个数据与平均数的差的平方和就比较大，方差就较大；当数据分布比较集中时，各个数据与平均数的差的平方和较小，方差就较小。未分组方差的计算公式为

$$\sigma^2 = \frac{1}{n}\sum_{i=1}^{n}(x_i - \overline{x})^2 \qquad (2.15)$$

分组方差计算公式见式(2.16)，各符号含义同式(2.14)。

$$\sigma^2 = \frac{\sum_{i=1}^{n}(M_i - \overline{x})^2 \times f_i}{n} \qquad (2.16)$$

未分组方差计算可以利用 Excel 中的函数命令，在单元格中上输入"＝VAR()"，然后选择计算数据就可得到答案。或者利用 Excel 中插入命令中的方差函数命

令，计算方法如图 2.4 所示。

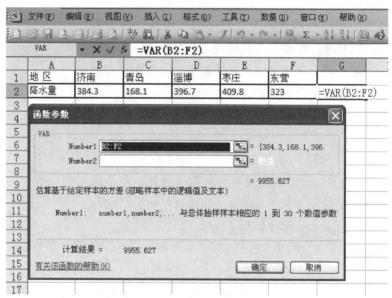

图 2.4　方差计算方法

(五)标准差

标准差是离差平方和平均后的方根，也能反映数据的离散程度。不同组数据有时平均数相同，但标准差未必相同。标准差实质也是一种平均数。在统计工作中，平均值和标准差是衡量数据集中和离散程度的两个最重要的指标。未分组标准差的计算公式为

$$\sigma = \sqrt{\frac{1}{n}\sum_{i=1}^{n}(x_i - \overline{x})^2} \qquad (2.17)$$

标准差的计算可以利用 Excel 中的函数命令计算，在单元格中上输入"＝STDEV()"，然后选择计算数据就可得到答案。采用方差或标准差进行计算时，利用公式手算和利用函数命令算出来的数值略有不同。这是因为两者计算时，采用公式不同，手算时进行平均用 $\frac{1}{n}$，

利用公式计算时用 $\dfrac{1}{n-1}$。也可以利用 Excel 中"插入"命令中的统计函数中计算标准差命令，计算方法如图 2.5 所示。

图 2.5 标准差计算方法

对于分组数据，标准差计算公式如下：

$$\sigma = \sqrt{\dfrac{\sum\limits_{i=1}^{n} (M_i - \overline{x})^2 \times f_i}{n}} \qquad (2.18)$$

(六)变异系数

变异系数是常用的衡量数据变动程度的指标。在区域差异、居民收入差异、小流域治理评价、城市脆弱性评价等方面都可以应用。其计算公式为

$$C_V = \dfrac{1}{\overline{x}} \times \sqrt{\dfrac{1}{(n-1)} \sum_{i=1}^{n} (x_i - \overline{x})^2} \qquad (2.19)$$

在衡量两组数据离散程度大小时，如果数据量纲不同，直接使用方差或标准差等来进行比较时，不好比较大小。而变异系数是数据的标准差与平均数的比值，直

接去掉了量纲，这样就方便比较了，见表 2.11。变异系数的大小既受数据离散程度的影响，也受数据平均值大小的影响。当平均值接近或等于 0 时，变异系数使用就不方便了。

相同的事物，如果计量单位不同，数据有了差别，变异系数也不相同。如气温度量单位有摄氏度、华氏度、绝对温度等之分，中国等国家使用摄氏度，美国等国家使用华氏度，摄氏度、华氏度换算方法为：1 华氏度（℉）＝32＋摄氏度×1.8。我们把表 2.12 中的摄氏度变成华氏度后，摄氏度的平均值是 16.55，华氏度的平均值是 61.79，这样计算出来的变异系数有明显的差别。

表 2.11　某地 GDP 和人口数

类别	2010	2011	2012	2013	2014	2015	标准差	变异系数
人口/人	9 579	9 637	9 685	9 733	9 789	9 847	90.03	0.01
GDP/亿元	39 169.92	45 361.85	50 013.24	55 230.32	59 426.59	63 002.33	8 157.38	0.07

表 2.12　某地前 8 个月气温

类别	1 月	2 月	3 月	4 月	5 月	6 月	7 月	8 月	变异系数
摄氏度/℃	−0.6	3.8	10.6	17.4	20.8	25.1	27.6	27.7	0.66
华氏度/℉	30.92	38.84	51.08	63.32	69.44	77.18	81.68	81.86	0.32

如果数据有分组，分组变异系数计算方法如下：

$$C_v = \frac{1}{\bar{x}} \times \sqrt{\frac{1}{(n-1)} \sum_{i=1}^{n} (M_i - \bar{x})^2 \times f_i} \qquad (2.20)$$

四、描述地理数据分布特征的参数

(一)正态分布

自然界、人类社会中存在大量呈正态形式分布的现象，如曹杰等研究发现中国东部大部分地区夏季降雨量多符合正态分布。正态分布就是数据分布具有中间高、两边低，并且两边对称的特征，正态分布曲线类似倒扣的钟形(图 2.6)，因此也被称为钟形曲线。

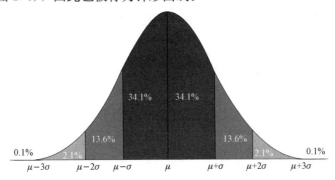

图 2.6　正态分布曲线

(二)偏度系数与峰度系数

偏度系数与峰度系数在衡量降水量变化规律、气温变化、沉积物粒度分析等方面经常用到。

1. 偏度系数

偏度系数是衡量地理数据分布非对称程度的重要参数，即以数据的平均值为中心，大部分数据分布在其左右的情况。偏度系数计算公式有未分组和分组两种形式，公式中字母含义如前面所示，未分组计算公式见式(2.21)，分组计算公式见式(2.22)。

$$\text{skew}(x) = \sum_{i=1}^{n} \frac{1}{n} \left(\frac{x_i - \overline{x}}{\sigma} \right)^3 \qquad (2.21)$$

$$\text{skew}(x) = \frac{\sum_{i=1}^{n} (M_i - \overline{x})^3 \times f_i}{\sigma^3 \sum_{i=1}^{n} f_i} \qquad (2.22)$$

计算结果 $\text{skew}(x) = 0$，说明数据对称分布；$\text{skew}(x) < 0$，表示左偏，就是平均值分布在峰值的左

侧，也即大部分数据分布在平均值右侧；skew(x)>0，表示右偏，就是平均值分布在峰值的右侧，也即大部分数据分布在平均值左侧，具体如图 2.7 所示。

如对农村家庭纯收入分组后，根据组中值和频数（比例）计算，所得偏度系数如果大于 0，说明大部分农村家庭纯收入低于平均水平；反之，说明大部分农村家庭纯收入高于平均水平。

对于未分组数据，利用 Excel 中"＝skew( )"命令可以计算出偏度值，或者利用自带函数中统计函数的命令计算，计算方法如图 2.8 所示。

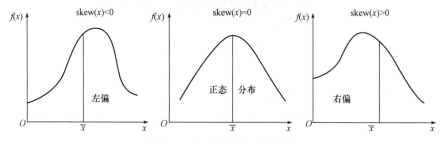

图 2.7　偏度分布的三种情况

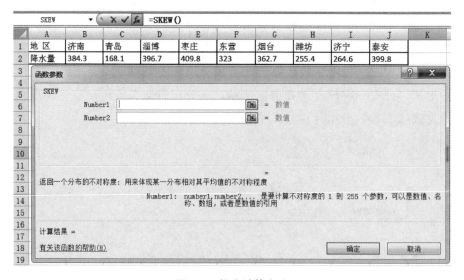

图 2.8　偏度计算方法

2. 峰度系数

峰度系数主要用于衡量数据在平均值附近的集中情况，表现为频数曲线顶端尖峭或扁平的状况(图 2.9)。在一般情况下，正态分布等于 3，峰度系数在 3 左右变化，峰度计算公式分组和未分组如下：

$$\text{kurt}(x) = \sum_{i=1}^{n} \frac{1}{n} \left(\frac{x_i - \overline{x}}{\sigma} \right)^4 \qquad (2.23)$$

$$\text{kurt}(x) = \frac{\sum_{i=1}^{n} (M_i - \overline{x})^4 \times f_i}{\sigma^4 \sum_{i=1}^{n} f_i} \qquad (2.24)$$

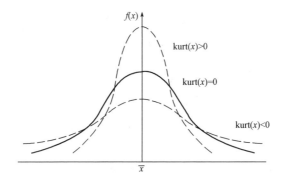

图 2.9　峰度曲线

为了便于比较，在许多时候要进行适当处理。如 SPSS 软件中峰度系数计算公式分别减 3，峰度计算公式分别见式(2.25)、式(2.26)。当峰度系数＝0 时，表示正态分布；当峰度系数＜0 时，表示数据分布的集中状况低于正态分布；当峰度系数＞0 时，表示数据分布的集中状况高于正态分布。

$$\text{kurt}(x) = \sum_{i=1}^{n} \frac{1}{n} \left(\frac{x_i - \overline{x}}{\sigma} \right)^4 - 3 \qquad (2.25)$$

$$\mathrm{kurt}(x) = \frac{\sum\limits_{i=1}^{n}(M_i - \overline{x})^4 \times f_i}{\sigma^4 \sum\limits_{i=1}^{n} f_i} - 3 \qquad (2.26)$$

在 Excel 中对于未分组数据，利用 Excel 中"＝KURT()"命令可以计算出峰度值，或者利用自带函数统计函数中的命令计算，如图 2.10 所示。

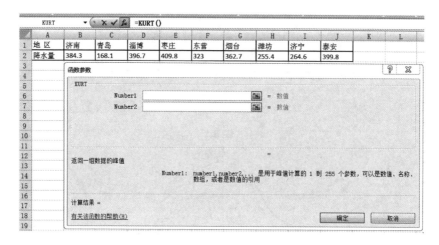

图 2.10　峰度计算方法

五、常用统计指标 SPSS 计算方法

SPSS 是 Statistical Package for Social Science 的缩写，译为社会科学统计软件包。SPSS 因其强大的分析功能、灵活方便的操作界面受到许多人的喜爱，成为世界上比较流行的统计分析软件之一。

在 SPSS 中输入数据或从 Excel 中导入数据都可以，然后选中工具栏中的"分析"命令，再依次单击"概述统计—频率"，再把要计算的变量名选入变量框中，单击右上角"统计量"命令，根据需要选择离散指标、集

中趋势指标、分布特征指标，单击确定即可得到答案，
计算方法如图 2.11 所示。目前 SPSS 软件主要计算未
分组指标，分组的指标计算目前还不能解决。

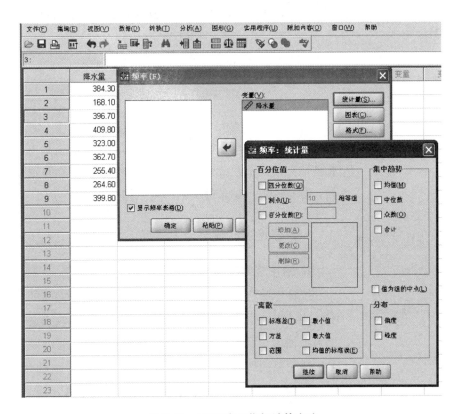

图 2.11　SPSS 常用指标计算方法

第三章 地理数据分布的集中与均衡度的指数

目前衡量地理数据分布的集中与均衡度的指数主要有洛伦兹曲线及在此基础上计算的集中化指数、基尼系数、赫芬达尔—赫希曼指数、泰尔指数等。

一、洛伦兹曲线与相关指数

1. 洛伦兹曲线简介

统计学家洛伦兹为了研究国民收入在国民之间的分配问题，以贫富人口百分比为横轴、以对应的收入百分比为纵轴做出曲线，该曲线因由洛伦兹首先提出而得名。洛伦兹曲线的弯曲程度有重要指示意义，上凸（下凸）程度越大，收入分配的不平等程度就越大。反之，收入分配的不平等程度就越小。当每组人口比重和收入比重相同时，洛伦兹曲线变成对角线，表示绝对平均状况。在理论研究中，当收入完全集中于某一阶层时，洛伦兹曲线将会变成一条直线，这种状况在现实中一般是不存在的。

洛伦兹曲线可以衡量整个国家收入分配不均状况，还用于衡量城镇居民收入、农民居民收入、区域国民收入分配不均状况。此外，还用于财产、资本、市场和资源分配等其他均衡程度的分析。

2. 洛伦兹曲线绘制

表3.1显示全国居民五等分年收入情况。我们以表3.1中数据为例，讲述做洛伦兹曲线步骤。

表 3.1　全国居民五等分年收入情况　　　　　　　元

组别	2013 年	2016 年
低收入户(20%)	4 402.4	5 528.7
中等偏下户(20%)	9 653.7	12 898.9
中等收入户(20%)	15 698	20 924.4
中等偏上户(20%)	24 361.2	31 990.4
高收入户(20%)	47 456.6	59 259.5
资料来源：中国统计年鉴(2017 年)。		

(1)计算各组别收入所占百分比(此处小数点保留两位)，相关数据见表3.2。

表 3.2　全国居民年收入百分比　　　　　　　　%

组别	2013 年	2016 年
低收入户(20%)	4.33	4.23
中等偏下户(20%)	9.5	9.88
中等收入户(20%)	15.46	16.02
中等偏上户(20%)	23.98	24.49
高收入户(20%)	46.72	45.37

(2)对计算的各组收入百分比按照从大到小顺序排列，排序后计算累计百分比；对各组所占人口比例也进行累加，相关数据见表3.3。

表 3.3 全国居民年收入累计百分比 %

组别	2013 年	2016 年
高收入户(20%)	46.72	45.37
中等偏上户(40%)	70.7	69.86
中等收入户(60%)	86.16	85.89
中等偏下户(80%)	95.66	95.76
低收入户(100%)	100	100

（3）以人口累计百分比为横坐标、以收入累计百分比为纵坐标，作出上凸的曲线。由于数据起点不是 0，因此在作曲线时，数据前面分别补充 0 数据，见表 3.4。为了方便作图，分别把低收入户、中等偏下户、中等收入户、中等偏上户、高收入户用 1、2、3、4、5 代替。

表 3.4 全国居民五等分的收入比例 %

组别	2013 年	2016 年
增补	0	0
高收入户(5)	46.72	45.37
中等偏上户(4)	70.7	69.86
中等收入户(3)	86.16	85.89
中等偏下户(2)	95.66	95.76
低收入户(1)	100	100

以 2016 年数据为例讲述作洛伦兹曲线的技巧。在 Excel 中先选中收入数据作出折线图，此时会出现数据没有在原点的情况，如图 3.1 所示。单击图形，在"坐标轴格式"工具中，去掉"数值(Y)轴置于分类之间"前面的对号，即可解决数据没有在原点的问题(图 3.2)。

然后在"图表"命令中选择源数据，在"分类(X)轴标志"
选中组别代码就可以作出横轴。如果纵轴最大值是
120，双击纵轴，出现"坐标轴格式"工具，对"数值(Y)
轴刻度"中的最大值进行更改即可。

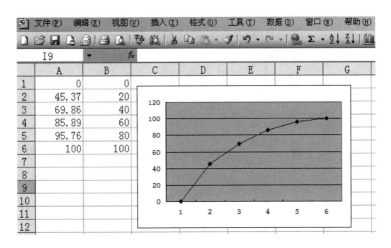

图 3.1　数据未在原点

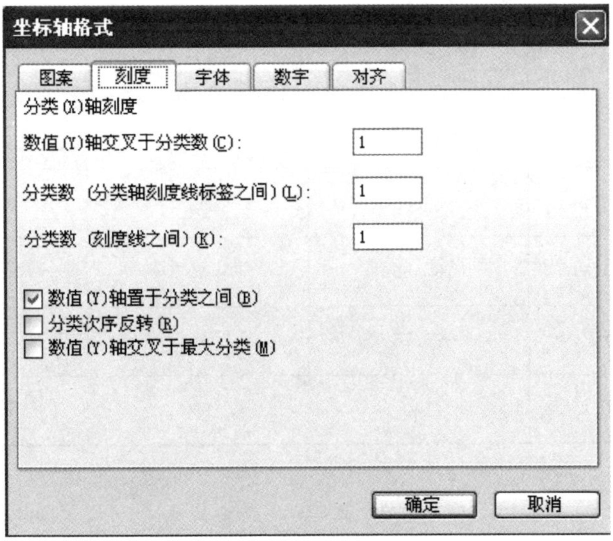

图 3.2　数据在原点处理方法

有时需要作出收入绝对平均曲线和收入绝对集中曲线。由于人口分成五组，如果收入绝对平均，每一组收入所占比例都是 1/5(20%)，累加后比例分别是 20%、40%、60%、80%、100%；如果收入绝对集中，即高收入户组所占比例为 100%，其他组收入比例为 0，累加后比例都是 100%(相关数据见表 3.5)。按照前面所述作折线方法，在实际收入累计曲线的基础上，采用在"源数据"添加系列的命令，就可以作出三种情况合在一起的曲线，如图 3.3 所示。作图时，在 Excel 中选择折线图进行操作，作出折线图后，单击折线进行线型修改，在平滑线命令前面打对号即可作出平滑曲线。在有些资料上可以看到收入绝对集中的曲线画成竖线，实际上是错误的，原因是作图时没有考虑到收入是由大到小累加这种规定。

表 3.5　实际数据与假设数据　　　　　　　　%

组别	实际比例	绝对平均	绝对集中
补充数据	0	0	100
高收入户(5)	45.37	20	100
中等偏上户(4)	69.86	40	100
中等收入户(3)	85.89	60	100
中等偏下户(2)	95.76	80	100
低收入户(1)	100	100	100

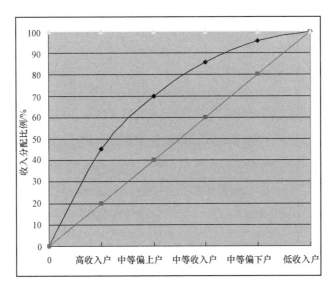

图3.3 三种收入分配情况对比图

通过2013年和2016年洛伦兹曲线对比，发现二者上凸程度几乎一样，也就是说这两年人们的收入分配状况基本没变化(图3.4、图3.5)。

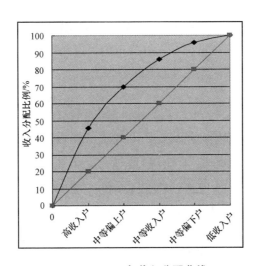

图3.4 2013年收入分配曲线

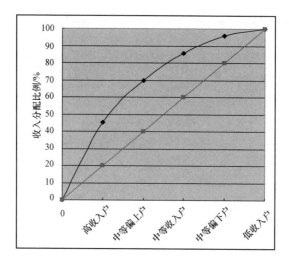

图 3.5　2016 年收入分配曲线

3. 集中化指数计算

洛伦兹曲线虽然可以通过曲线的凸凹程度来判断集中化程度，但它只是一种粗略的定性分析。如果凸凹程度相差不大，肉眼很难区分差异。为了进行更精确的定量化研究，有必要引入集中化指数。集中化指数除了分析收入的集中程度外，还可以分析土地利用类型的集中分布情况、人口分布集中情况等。

集中化指数的计算公式：

$$I = \frac{A-R}{M-R} \qquad (3.1)$$

式中，I 为集中化指数；A 为实际数据累计百分比之和；R 为绝对均衡状态下累计百分比之和；M 为绝对集中时累计百分比之和。在图 3.6 中，A 为实际数据曲线与横坐标轴、右侧竖线所围成的面积；R 为对角线与横坐标轴、右侧竖线所围成的面积；M 为纵横坐标轴和上部横线、右侧竖线所围成的矩形面积。集中化指数实际上就相当于实际曲线与对角线所围面积除以对角线所围的三角形面积。

集中化指数数值分布范围在[0，1]，当地理事物处于绝对集中状态时，$I=1$；当地理事物处于绝对平均状态时，$I=0$；I 值越大，表示事物越集中。

在实际计算时，根据具体数据个数，确定平均状态时的百分比，然后确定累计百分比；在绝对集中时，根据具体数据个数，确定累计百分比。由于绝对集中，第一个数据为 100%，其他数据所占比例是 0，即累加时每个数据比例都是 100%。以全国居民五等分收入为例，假设收入绝对平均，那么每一部分居民的收入都占总收入的 20%，依次累计为 20%、40%、60%、80%、100%；如果绝对集中，也就是高收入户所占收入比例为 100%，其他各组所占比例为 0，依次从大到小累加，比例数都是 100%。据此可以计算出，绝对平均的累计和（此处不带"%"号）为 300，绝对集中值为 500，实际数据累计和为 399.24（表 3.4 中 2013 年数据）。代入公式计算：

$$I=\frac{399.24-300}{500-300}=0.50 \qquad (3.2)$$

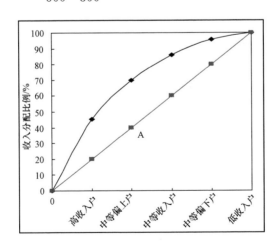

图 3.6　集中化指数系数对应曲线

4. 基尼系数简介

基尼系数是衡量收入是否均衡和不均衡程度的重要指标，在理论分析和政策研究中得到广泛的使用。因由意大利统计学家、社会学家基尼首先提出而得名。洛伦兹曲线和集中化指数主要用于分析一组数据分布的均衡状况，对于两组数据的分析有些欠缺。基尼系数主要是对两组数据的均衡状况进行分析。

(1)两组数据洛伦兹曲线绘制。

①计算某亚区(部门)的人口与收入占全区(总部门)人口与收入的比重(p_i 和 w_i)；

②计算每一个亚区(部门)比值 $\dfrac{w_i}{p_i}$；

③根据 $\dfrac{w_i}{p_i}$ 的大小，从小到大将各亚区(部门)进行排序；

④排序后，分别计算 p_i 和 w_i 的累计百分比，以 p_i 的累计百分比为横坐标、w_i 的累计百分比为纵坐标，可以作出一条下凹的曲线。

依据表 3.6 中的数据，进行人口和收入比重计算、排序、累加，详细数据见表 3.7、表 3.8，分别以人口比例累加数据为 X 轴、收入比例累加为 Y 轴，作散点图，这样就可以得到洛伦兹曲线；而后分别以平均状况下的人口累加数据为 X 轴、收入比例为 Y 轴作对角线，如图 3.7 所示。

表 3.6　全国居民五等分收入情况

组别	2013 年	
	收入/元	人口/%
低收入户	4 402.4	20

续表

组别	2013 年	
	收入/元	人口/%
中等偏下户	9 653.7	20
中等收入户	15 698	20
中等偏上户	24 361.2	20
高收入户	47 456.6	20

表 3.7　全国居民五等分收入比例

组别	2013 年		比值
	收入/元	人口/%	
低收入户	4.33	20	0.216 5
中等偏下户	9.5	20	0.475 0
中等收入户	15.46	20	0.773 0
中等偏上户	23.98	20	1.199 0
高收入户	46.72	20	2.336 0

表 3.8　全国居民收入、人口比例累加

组别	2013 年	
	收入(Y)/%	人口(X)/%
低收入户	4.33	20
中等偏下户	13.83	40
中等收入户	29.29	60
中等偏上户	53.27	80
高收入户	99.99	100

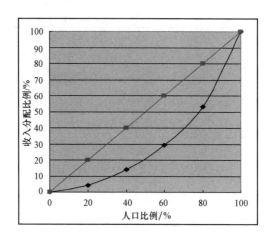

图 3.7　收入分配、人口比例洛伦兹曲线

（2）基尼系数计算。

基尼系数有好几种算法，这里选择最为常用的方法，公式如下：

$$G = 1 - \sum_{i=1}^{n} p_i \times (2Q_i - w_i) \qquad (3.3)$$

式中，$Q_i = \sum_{k=1}^{i} w_k$，Q_i 是从第一组到第 i 组的累计收入比重；w_i 是每组收入占总收入比重。

利用式(3.3)和表 3.9 中的数据，算出基尼系数为 0.397 1。理论研究中收入分配绝对平均时，基尼系数是 0；收入分配绝对不平均时，基尼系数是 1。在现实社会中，这两种情况都不可能存在。大多数研究者认为基尼系数的数值<0.2 时，表示收入分配绝对平均；在 0.2~0.3 时，表示比较平等；在 0.3~0.4 时，表示分配相对合理；在 0.4~0.5 时，表示收入差距较大；在 0.5 以上时，表示收入差距悬殊。国际上通常把 0.4 作为收入分配差距的警戒线。在通常情况下，人口较多、国土面积较大、自然环境差别较大的国家比面积小或人

口少的国家基尼系数要大些；发展中国家（欠发达地区）

比发达国家（地区）基尼系数要大些。

表 3.9 居民收入与人口比重 %

组别	p_i	w_i	Q_i	$2Q_i$
低收入户	20	4.33	4.33	8.66
中等偏下户	20	9.50	13.83	27.66
中等收入户	20	15.46	29.29	58.58
中等偏上户	20	23.98	53.27	106.54
高收入户	20	46.72	99.99	199.98

（3）空间基尼系数。

空间基尼系数也称为区位基尼系数，空间基尼系数由美国经济学家克鲁格曼提出，主要用于衡量产业空间集聚程度。计算公式为

$$G = \sum_{i=1}^{n} (s_i - x_i)^2 \qquad (3.4)$$

式中，G 为空间基尼系数，s_i 为区域某产业的相关指标（如产值、就业人数等）占全国该产业的比重，x_i 为区域的相关指标占全国总指标的比重，n 为区域数量。G 的值在 0 和 1 之间，若 G 的值越是接近 0，那么该地区的产业分布越均衡；若 G 的值越接近 1，则产业集聚程度越强。

二、赫芬达尔—赫希曼指数

赫芬达尔—赫希曼指数（Herfindahl－Hirschman Index，HHI 指数），是一种测量产业集中度的指数，是经济学类研究者和政府管理者常用的指标之一。

HHI 指数是指一个行业中各市场竞争主体所占行

业总收入或总资产百分比的平方和。计算公式为

$$\mathrm{HHI} = \sum_{i=1}^{n} \left(\frac{x_i}{X} \right)^2 = \sum_{i=1}^{n} Si^2 \tag{3.5}$$

式中，X 为市场总规模，x_i 为某一产业（企业）规模，Si 为某一产业（企业）的市场占有率，n 为产业（企业）数量。当市场处于完全垄断时，$\mathrm{HHI}=1$；当市场上有许多企业，且规模都相同时，HHI 就趋向 0；HHI 越大，表示市场集中程度越高，垄断程度越高。

三、泰尔指数

基尼系数和泰尔指数都可以对区域发展、收入分配等的集中程度进行定量分析。基尼系数应用时间较早，泰尔指数出现较晚，在 1967 年由泰尔（Theil）利用信息理论中的熵概念来计算收入不平等而得名。泰尔指数现已是分析区域经济差异的重要工具，有些学者又称之为泰尔系数。

1. 泰尔指数定义

泰尔指数是各地区的收入比重与人口比重之比的对数的加权和，权数可以为收入比重或人口比重。因此泰尔指数有两种形式［见式(3.6)、式(3.7)］，分别是以人口比重加权的泰尔 L 指数和以收入比重加权的泰尔 T 指数，公式如下：

$$L = \sum_{i=1}^{n} \left(\frac{p_i}{p} \log \left(\frac{\frac{p_i}{p}}{\frac{I_i}{I}} \right) \right) \tag{3.6}$$

$$T = \sum_{i=1}^{n} \left(\frac{I_i}{I} \log \left(\frac{\frac{I_i}{I}}{\frac{p_i}{p}} \right) \right) \tag{3.7}$$

式中，p_i 为 i 区域人口数，p 为研究区域总人口；I_i 为

i 区域收入，I 为研究区域总收入；n 为研究区所包含区域数量。泰尔指数数值越大，表示区域收入差异越大；泰尔指数数值越小，表示区域收入差异越小。如果收入非常平均，泰尔指数等于 0。

根据表 3.10、表 3.11 中的数据可以计算出泰尔 L 指数为 0.023 3，泰尔 T 指数为 0.022 6，由此可以判断该区域收入相对平均，各亚区差异不大。

表 3.10　某区域人口和 GDP

亚区代码	人口数/人	GDP/亿元
1	559 645	209.79
2	436 971	280.38
3	411 002	156.62
4	321 861	155.96
5	511 056	123.39
合计	2 240 535	926.14

表 3.11　某区域人口和 GDP 比重

亚区代码	人口比重/%	GDP 比重/%
1	24.98	22.65
2	19.50	30.27
3	18.34	16.91
4	14.37	16.83
5	22.81	13.32

2. 泰尔指数分解

研究者常用泰尔 T 指数进行分解，以便对区域间差异和区域内差异进行研究，如对中国东中西三大地带和三大地带内部经济发展差异、烟尘排放量的区域差异、旅游经济区域差异、教育资源区域差异等研究。

(1)一阶段分解。

$$T = T_{区间} + T_{区内} \tag{3.8}$$

$$T_{区间} = \sum_{i=1}^{n}\left[\frac{I_d}{I}\log\left(\frac{\frac{I_d}{I}}{\frac{p_d}{p}}\right)\right] \tag{3.9}$$

式(3.9)中，I_d 是不同区域的收入，I 是区域收入之和，p_d 是不同区域人口数量，p 是区域人口之和，n 是区域数量。例如，把中国分成东中西三大地带进行区域差异分析，I_d 就是东中西三大地带的 GDP，I 就是中国当年的 GDP，p_d 是三大地带人口数量，p 是中国当年总人口，n 是3。

$$T_{区内} = \frac{I_d}{I}\sum_{i=1}^{k}\left[\frac{I_i}{I}\log\left(\frac{\frac{I_i}{I}}{\frac{p_i}{p}}\right)\right] \tag{3.10}$$

式(3.10)中，I_d 是不同区域的收入，I 是区域收入之和；p_i 是区域内 i 亚区人口数；p 是各亚区域总人口；I_i 是区域内 i 亚区收入，I 是各亚区总收入；k 是不同区域所包含亚区数量。例如，把中国分成东中西三大地带进行区域差异分析，东部地带分别包含沿海 11 个省区，中部地带包含 8 个省区，西部地带包含 12 个省区。如果对东部地带计算区内差异，I_d 是东部地区的收入，I 是中国总收入；p_i 是东部不同省份人口数；p 是东部地区总人口；I_i 是东部地区不同省份收入；I 是东部地区总收入；k 是东部地区省份的数量。

(2)二阶段分解。

上面泰尔指数分解是一阶段分解，如对国家进行多个层次的分解，对三大地带、三大地带内的省域、对各地市级进行分解，如此就形成多层次分解体系。这种由地带分解到省区，然后分解到地市级的分解称为二阶段分解。二阶段分解公式：

$$T = T_{地带} + T_{省级} + T_{市级} \tag{3.11}$$

$$T_{地带} = \sum_{i=1}^{n} \left[\frac{I_d}{I} \log\left(\frac{\dfrac{I_d}{I}}{\dfrac{p_d}{p}} \right) \right] \tag{3.12}$$

$$T_{省级} = \sum_{i=1}^{n} \frac{I_d}{I} \left\{ \sum_{i=1}^{k} \frac{I_p}{I_d} \left[\log\left(\frac{\dfrac{I_p}{I_d}}{\dfrac{p_p}{p_d}} \right) \right] \right\} \tag{3.13}$$

$$T_{市级} = \sum \sum_{i=1}^{k} \frac{I_p}{I_d} \left[\sum_{i=1}^{m} \frac{I_c}{I_p} \log\left(\frac{\dfrac{I_c}{I_p}}{\dfrac{p_c}{p_p}} \right) \right] \tag{3.14}$$

式中，I_d 是不同地带的收入数量，p_d 是不同地带的人口数量；I_p 是不同省区的收入数量，p_p 是不同省区的人口数量；I_c 是不同地市的收入数量，p_c 是不同地市的人口数量；I 是国家总收入，p 是国家总人口，n、k、m 分别表示不同级别行政区数量。这种分解的实质是在每一级分解时，前面乘上本级收入占上一级收入的比重作为权重。此处以中国三大地带和所属省、市为例进行分解展示，研究者可以根据这种思想进行更多拓展，例如对省区、地市、县域进行分解等。

第四章　相关系数

地理计量革命后的数十年内，有些计量方法在地理研究中经常用到，相关系数就是最常用到的一种系数，本章将阐述相关系数种类和计算方法。

第一节　相关系数特征

在地理研究中经常会出现一些变量，它们相互联系、相互依存，变量之间存在一定的关系。变量之间的关系可以分为确定性关系与非确定性关系两种，确定性关系是指变量之间的关系可用函数来表示，而非确定性关系就是相关关系。相关系数可以分析两个变量之间的关系强弱，在几乎所有科学与技术领域都广泛应用。

如果一个变量随着另外一个变量的增大(减小)而增大(减小)，则两个变量是正相关关系；反之，如果一个变量随着另外一个变量的增大(减小)而减小(增大)，则两个变量是负相关关系。例如随着经济发展，旅游人数逐渐增多，二者属于正相关关系(图4.1)；随着国民经济发展，人口出生率会逐渐下降，二者属于负相关关系(图4.2)。

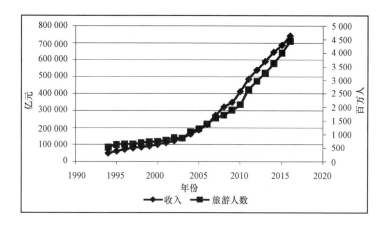

图 4.1 经济发展与旅游人数

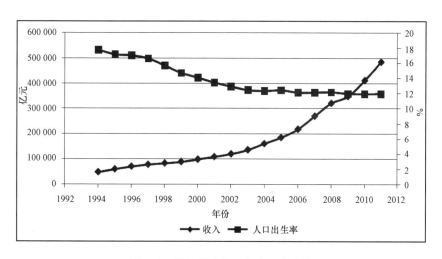

图 4.2 国民经济发展与人口出生率

相关系数的缺点在于系数大小常和数据数量有关，当数据量较小时，相关系数往往比较大；当数据量较大时，相关系数值常偏小。因此在数据量很少时，不能仅凭相关系数大小判断两组数据的相关程度。

作相关分析时，要注意变量之间的先后关系，如收入和支出是相关变量，收入是先行变量，支出是随行变量。相关系数大小只是说明有关联，但并不能说明因果关系。相关分析主要是为回归分析等做准备，通过计算相关系数，确定影响因素大小，选择自变量。如果两个变量之间存在强相关，则可以用一个变量分析、预测另一个变量的值；如果是弱相关，那么用一个变量的数据分析另一个变量就没有多大意义了。

第二节　相关系数计算

一、简单相关系数

两个变量之间的相关系数称为简单相关系数，相关关系计算公式如下：

$$r_{xy} = \frac{\sum\limits_{i=1}^{n}(x_i - \overline{x})(y_i - \overline{y})}{\sqrt{\sum\limits_{i=1}^{n}(x_i - \overline{x})^2}\sqrt{\sum\limits_{i=1}^{n}(y_i - \overline{y})^2}} \quad (4.1)$$

式中，x_i、y_i 是两个数列的实际数据，$\overline{x}$、$\overline{y}$ 是两个数列的平均值。r_{xy} 的范围在 $[-1, 1]$ 之间，$r_{xy} > 0$ 时，表示两要素正相关，值越大，正相关性越强。$r_{xy} < 0$ 时，表示两要素负相关，值越小，负相关性越强。$r_{xy} = 0$ 时，表示两要素不相关，见表 4.1。

表 4.1　相关系数绝对值大小含义

相关系数	含义
$0 < r_{xy} \leqslant 0.3$	微弱相关
$0.3 < r_{xy} \leqslant 0.5$	中度相关

续表

相关系数	含义
$0.5 < r_{xy} \leqslant 0.8$	显著相关
$0.8 < r_{xy} \leqslant 0.1$	高度相关

1. Excel 计算方法

两要素之间的系数计算比较简单，可以利用 Excel 计算，在 Excel 函数工具中选择统计函数，然后选中其中的"CORREL"命令，选中数据即可自动算出相关系数（具体操作过程如图 4.3、图 4.4 所示）。

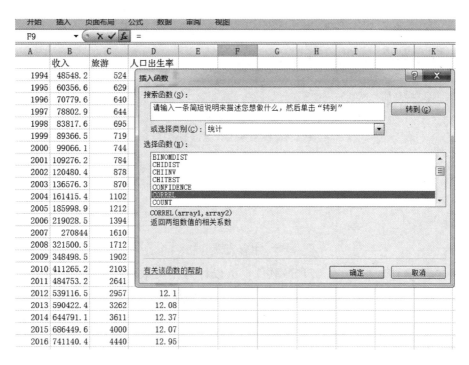

图 4.3 相关系数计算函数选择

图 4.4 相关系数计算数据选择

2. SPSS 计算方法

SPSS 软件也可以计算相关系数，在 SPSS 中建立数据文件，在数据窗口，点选"分析/相关/双变量"命令，进入"双变量相关"对话框，将数据变量选移到变量栏内，点选 Pearson(皮尔逊相关系数)，显著性检验中点选双侧检验，单击"确定"后，即可得到简单相关系数(图 4.5)。计算结果检验 Sig<0.05 表示相关性显著，有统计学意义。

图 4.5　简单相关计算方法

二、偏相关系数

简单相关系数只是分析两个变量的相关性，但地理系统是复杂的多要素系统，需要分析多个影响要素。在研究某一个地理要素对另一个要素的相关程度时，把其他要素的影响视作常数，即暂时不考虑其他要素的影响，单独研究两个要素之间的相互关系，所得数值称为偏相关系数。例如，粮食产量与降水量和气温都有关系，当把气温作为常数，单独研究粮食产量和降水量的关系时就是偏相关系数，具体如图 4.6 所示。

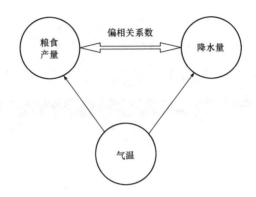

图 4.6　偏相关系数示意图

在多要素相关分析中，简单相关系数可能不能够真实地反映出变量 X 和 Y 之间的相关性。因为变量较多，要素之间的关系很复杂，它们可能受到不止一个变量的影响。而偏相关系数能真正反映变量 X 与变量 Y 的相关性的大小。在多变量相关的时候，由于变量之间存在复杂的关系，偏相关系数与简单相关系数在数值上可能相差很大，有时甚至连符号都可能相反。

偏相关系数数值大小含义和简单相关系数数值一样。偏相关系数是在简单相关系数基础上进行计算的。建立 SPSS 数据文件后，在数据窗口，点选"分析/相关/偏相关"命令，进入"偏相关"对话框，将计算偏相关系数的变量选移到变量栏内，将控制变量选移到控制变量栏中，显著性检验中点选双侧检验，单击"确定"，即可得到偏相关系数。具体流程如图 4.7 所示。

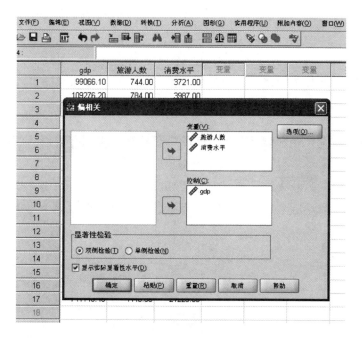

图 4.7　偏相关系数计算方法

三、复相关系数

　　复相关系数是测量一个变量与其他多个变量之间线性相关程度的指标。复相关系数利用简单相关系数和偏相关系数求得。复相关系数越大，表明要素或变量之间的线性相关程度越密切。复相关系数的取值范围是 $[0，1]$，数值越大，相关性越大。

　　对于复相关系数在 SPSS 中没有直接的计算程序，但通过回归分析结果可以得到复相关系数。在建立 SPSS 数据文件后，在数据窗口，单击"分析/回归/线性"，进入线性回归窗口，选择被解释变量 y 进入"因变量"栏中，选择解释变量 x 进入"自变量"栏中，单击"确定"，结果分析中的 R 值就是复相关系数。复相关系数计算过程如图 4.8 所示，计算结果如图 4.9 箭头所指处。

图 4.8　复相关系数计算方法

模型汇总

模型	R	R方	调整R方	标准估计的误差
1	.998ª	.996	.996	14 262.866 04

a.预测变量（常量）：消费水平，旅游人数。

图 4.9　复相关系数计算结果

四、秩相关系数

在分析实际问题时，有时获得的原始资料不是具体数据，而是用等级来描述的某种现象，要分析此类现象之间的相关关系，就要用到秩相关系数。

秩相关系数是将两个要素按数据的大小顺序排列位次，以各要素数值的位次代替实际数据而计算得到的统计量。秩相关系数计算公式：

$$d_i = R_{1i} - R_{2i} \qquad (4.2)$$

$$r_{xy} = 1 - \frac{6\sum\limits_{i=1}^{n} d_i^2}{n(n-1)} \qquad (4.3)$$

式中，n 是数据数量，d_i 是数据位次之差。秩相关系数与简单相关系数一样，取值范围是 $[-1, 1]$，r_{xy} 是正值时，表示正相关，说明 y 要素随着 x 要素的增加而增加；r_{xy} 是负值时，表示负相关，说明 y 要素随着 x 要素的增加而减少；$r_{xy} = 0$ 时，表示不相关。根据式(4.2)、式(4.3)和表 4.2 中的数据，计算山东 GDP 和人口数量的秩相关系数是 0.61，表明山东经济发展和人口数量有较显著的相关性。

表 4.2 2015 年山东 17 地市人口与 GDP

地市	GDP/亿元	位次/位	人口数量/万人	位次/位	d_i^2
济南市	6 100.23	3	713.20	6	9
青岛市	9 300.07	1	909.70	3	4
淄博市	4 130.24	5	464.20	11	36
枣庄市	2 031.00	15	387.80	12	9
东营市	3 450.64	8	211.06	16	64
烟台市	6 446.08	2	701.41	7	25
潍坊市	5 170.53	4	927.72	2	4
济宁市	4 013.12	6	829.92	5	1
泰安市	3 158.39	9	560.08	10	1
威海市	3 001.57	10	280.53	15	25

续表

地市	GDP/亿元	位次/位	人口数量/万人	位次/位	d_i^2
日照市	1 670.80	16	288.00	14	4
莱芜市	665.83	17	135.16	17	0
临沂市	3 763.17	7	1 031.16	1	36
德州市	2 750.94	11	574.23	9	4
聊城市	2 663.62	12	597.06	8	16
滨州市	2 355.33	14	385.90	13	1
菏泽市	2 400.96	13	850.03	4	81

　　秩相关系数可以利用 SPSS 进行计算，在点选"分析/相关/双变量"命令后，把两组数据名称选移到"变量"栏内，相关系数选择"Spearman"，单击"确定"即可得到答案(图 4.10)。斯皮尔曼(Spearman)系数主要反映两个定序或等级变量的相关程度。

图 4.10　秩相关系数计算方法

五、典型相关分析

简单相关分析是对两个变量进行分析；偏相关分析是固定某些变量后，对两个变量进行分析；复相关分析是一个变量对一组变量进行分析；典型相关分析是针对两组变量进行分析，为了减少麻烦，采用类似主成分分析的方法对两组数据进行降维（主成分分析方法后面章节会介绍），把多个变量变成少数综合变量后进行相关分析，这种分析称为典型相关分析。典型相关分析在众多研究领域都得到广泛应用，如对能源—经济—环境系统评价、居民消费结构和影响因素分析、农业经济增长与影响因素分析等。

在 SPSS 中利用 syntax（宏程序）可以计算典型相关系数，具体过程如下：

（1）在计算机 SPSS 安装程序所在位置，找到 Canonical correlation. sps 文件；

（2）在 SPSS 中单击"文件—新建—语法"命令，打开语法编辑器；

（3）输入典型相关分析调用命令（图 4.11）：

INCLUDE SPSS 所在路径 \ Canonical correlation. sps'.

CANCORR SET1＝第一组变量的列表/

SET2＝第二组变量的列表.

（4）执行"运行—全部"命令。

利用 SPSS 中的宏程序进行典型相关分析需要注意以下两个方面：

①进行典型相关的变量名称必须是英文名称，否则不能在 syntax 中进行读取；

②需要注意的是末尾的点表示程序结束，不能省略。

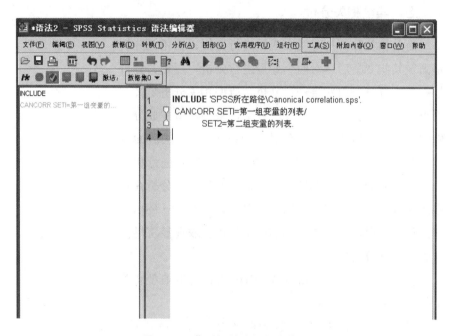

图 4.11　典型相关分析程序输入

第五章　回归分析

第一节　回归分析的概念与步骤

　　相关分析和回归分析都是关于变量之间关系的研究方法，相关分析主要是对变量之间不确定数量关系进行分析，回归分析是对变量之间确定性数量关系进行研究。回归分析是通过一定的函数将这种关系描述出来，确定一个或数个自变量对因变量的影响程度。当自变量只有一个时，称为一元回归；当自变量有多个时，称为多元回归。如果变量之间是线性关系，就称为线性回归；如果变量之间是非线性关系，就称为非线性回归。回归分析除了建立变量之间的函数关系外，还可以对变量进行预测或控制。例如建立回归方程后，通过对自变量取值来预测因变量未来值；或者通过已知因变量值来计算自变量值。回归分析在自然地理、人文地理中被广泛应用。

　　线性关系是指变量之间按比例、成直线的关系；非线性是变量之间的数学关系，不是直线而是曲线、曲面关系。自然界、社会经济等领域都是很复杂的，众多的变量都是非线性关系，非线性关系比线性关系更接近客观事物性质本身。线性关系是变量之间关系的简化，目的是便于分析和研究。

回归分析的一般步骤为：

1. 作出散点图

以自变量为 x 轴、因变量为 y 轴，在坐标系上绘制出相应的点。散点图的形状可以展现变量之间的线性关系、指数关系或对数关系等。如果是线性关系，就用线性回归进行分析，否则只能采用非线性回归分析。

2. 计算回归系数和显著性检验

显著性检验就是 R^2 值，R^2 值介于 $[0，1]$，R^2 值越接近 1，表明回归方程拟合得越好，一般认为 $R^2 \geqslant 0.8$ 的模型拟合优度比较高。如果采用 Significant 值检验，则 Significant 值要小于 0.05，Significant 值越小越显著。

3. 建立回归方程

通过计算出来的常量和系数，建立相应的方程。下面分别讲述线性回归和非线性回归的计算方法。

第二节　回归分析方法

回归类型有多种，如线性回归、非线性回归、虚拟变量回归、Logistic 回归、逐步回归、分位数回归等，这里主要选择常用的和易于理解的回归方法进行分析。

一、线性回归

回归分析的计算较为麻烦，特别是多元回归，用手工计算几乎是很难完成的工作。因此在实际工作中，多

用专门的软件进行计算，其中比较常用的是 Excel 和
SPSS 软件。

（一）一元线性回归

一元线性回归方程形式如下：

$$y=\beta_0+\beta_1 x \qquad (5.1)$$

式中，β_0 是常数，表示截距，它是 $x=0$ 时 y 的值；β_1 是
斜率，表示 x 变化一个单位时 y 值的变化率（图5.1）。

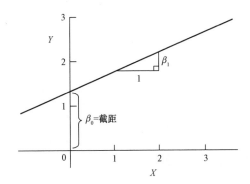

图 5.1　一元线性回归系数图解

图片来源：参考文献28。

1. Excel 一元线性回归计算方法

（1）在 Excel 中依次点选"工具—数据分析—回归"
命令，在回归对话框中选择因变量、单变量数据，单击
确定即可得到答案（图5.2）。

（2）在 Excel 中对已知数据作出散点图（图5.3），点
选"图表—添加趋势线"命令，在添加趋势线对话框中，
趋势线类型选择线性，在选项中点选"显示公式"和"显
示 R 平方值"（图5.4），最后单击确定即可，计算结果
如图5.5所示。

图 5.2　Excel 解一元线性回归方程

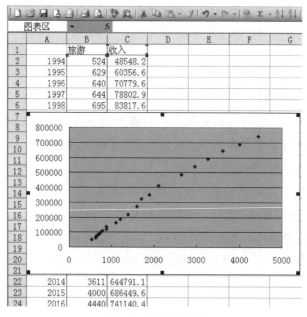

图 5.3　数据散点图

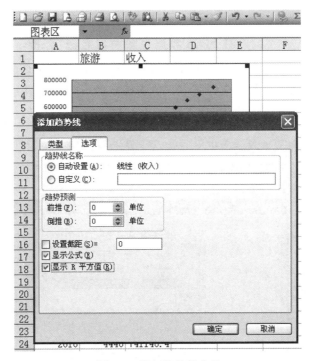

图 5.4　添加趋势线方法

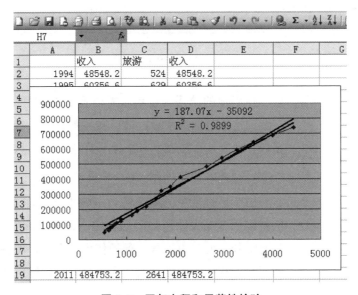

图 5.5　回归方程和显著性检验

2. SPSS 一元线性回归计算方法

在 SPSS 数据视图窗口点选"分析—回归—线性"命令，在"线性回归"对话框中选择因变量、自变量进入各自的框中，单击确定后会出现计算结果，具体如图 5.6 所示。

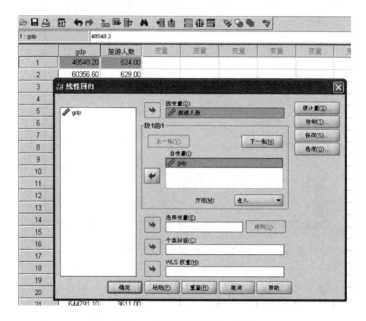

图 5.6 回归方程分析过程

在出现的结果窗口中，需要看 R 数据和 Sig. 数据，二者到达显著性标准后，最后在系数表中，确定常数和系数，也就是系数表中 B 字母下面的两个数据(图 5.7)。

(二)多元线性回归

由于地理现象的复杂性，影响因素往往不止一个，这就涉及多元线性回归问题。在一元线性回归方程中，自变量和因变量可以很方便地作出散点图，而在多元线性回归方程中，因变量对应多个自变量，散点图不容易作出来。

模型汇总

模型	R	R方	调整 R 方	标准估计的误差
1	.995[a]	.990	.989	124.259 56

a. 预测变量 (常量): gdp。

Anova[b]

模型		平方和	df	均方	F	Sig.
1	回归	3.179E7	1	3.179E7	2 058.890	.000[a]
	残差	324 249.213	21	15 440.439		
	总计	3.211E7	22			

a. 预测变量 (常量): gdp。

b. 因变量: 旅游人数

系数[a]

模型		非标准化系数		标准系数		
		B	标准误差	试用版	t	Sig.
1	(常量)	202.847	41.932		4.838	.000
	gdp	.005	.000	.995	45.375	.000

a. 因变量: 旅游人数

图 5.7　回归方程分析结果

一个因变量对应多个自变量的回归方程称为多元线性回归方程。方程形式如下：

$$y = \beta_0 + \beta_1 x_1 + \beta_2 x_2 + \beta_3 x_3 + \cdots + \beta_p x_p \quad (5.2)$$

式中，β_0 是常数，表示方程截距；β_1、β_2、β_3、$\cdots$、β_p 表示自变量的系数。

1. Excel 多元线性回归计算方法

在 Excel 中进行多元线性回归过程和一元线性回归相同，点选"工具—数据分析—回归"命令后，选择因变量数据和自变量数据，在此处对于自变量（X 值输入区域），要把自变量数据全部选中才行，例如图 5.8 中要把 C2：E22 数据全部选进去即可。

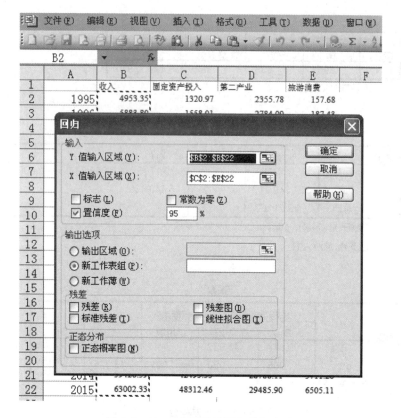

图 5.8 Excel 多元线性回归分析方法

2. SPSS 多元线性回归计算方法

在 SPSS 中进行多元线性回归过程和一元线性回归也一样，在 SPSS 数据视图窗口点选"分析—回归—线性"，在"线性回归"对话框中选择因变量、多个自变量进入各自的框中，单击确定后会出现计算结果，详细操作如图 5.9 所示。

二、非线性回归

（一）非线性方程转化

地理系统很复杂，大量表现为非线性关系，这种关系对应着非线性方程。大多数非线性回归可以转化为线性回归进行求解，也就是对非线性回归模型进行适当的变量代换，把它转化为线性回归进行求解。

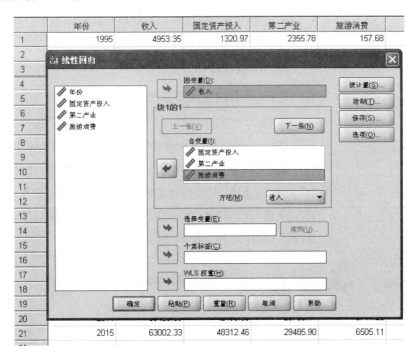

图 5.9　SPSS 多元线性回归分析方法

例如：

（1）对数曲线方程转换。

对数曲线方程

$$y=a+b\ln x \qquad (5.3)$$

令 $\ln x=x'$，方程就变成了 $y=a+bx'$。这个转换的方法实际就是先算出 $\ln x$ 的值，然后对 y、x' 进行线性回归，计算出常量和系数后，代入对数曲线方程即可。

（2）幂函数曲线方程转换。

幂函数曲线方程

$$y=ax^\beta \tag{5.4}$$

先对方程两边取对数，方程变为 $\ln y=\ln a+\beta\ln x$，令 $\ln y=y'$，$\ln a=a'$，$\ln x=x'$，这样方程就转换为 $y'=a'+\beta x'$，利用一元线性回归方程可以计算出常量和系数，将其代入幂函数曲线方程即可。

(二)非线性回归方法

1. Excel 非线性回归方法

(1)对于一元非线性回归，以 Excel 2007 操作为例进行演示。可以在 Excel 中作出散点图，在点选"布局—趋势线"命令后，出现"设置趋势线格式"对话框，在"趋势线选项"中选择合适的曲线进行拟合，在页面下部中点选"显示公式"和"显示 R 平方值"，最后单击确定即可(操作过程如图 5.10 所示)。

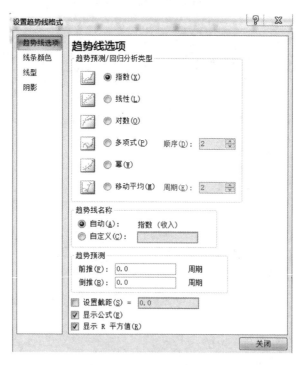

图 5.10 非线性方程分析

（2）非线性方程先进行转换，利用转换后的数值采用 Excel 中"回归"命令进行计算，计算过程和方法同线性方程。

2. SPSS 非线性回归方法

（1）曲线拟合方法。对于可以通过转换把非线性方程转变为线性方程的，可以在 SPSS 中通过曲线拟合进行分析。在 SPSS 软件中，点选"分析—回归—曲线估计"命令，在"曲线估计"对话框中，把因变量、自变量选入相应的栏中，在"模型"命令中选择合适的曲线方程，单击确定后即可得到答案（图 5.11）。

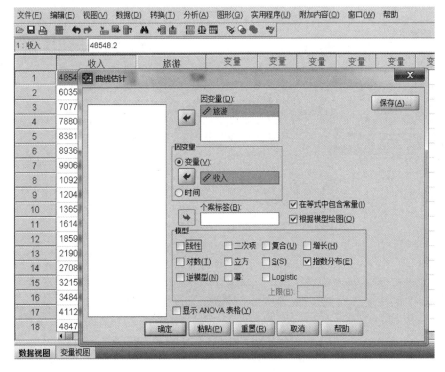

图 5.11　曲线拟合方法

（2）非线性回归。对于一些不能通过转换变为线性方程的，可以通过非线性回归来解决。在 SPSS 中，点选"分析—回归—非线性"命令，在"非线性回归"对话框中，把因变量的变量名选入因变量栏中，在"模型表达式"中输入公式，变量名在左侧双击可以输入，函数部分如自然对数的底数 e、对数符号等在"函数和特殊变量"里双击选取，计算符号和括号等在中间工具处选取。单击"参数"命令，对参数进行设置，输入名称和初始值，初始值可以设为 1。单击添加即可加入栏中。单击继续后，再单击确定即可得出答案(图 5.12)。

图 5.12 非线性回归分析

(三)虚拟变量回归

1. 虚拟变量设置

一般的回归模型中变量都是数值型变量，但有时候需要对一些定性变量进行回归分析,例如城镇和乡村对比分析、东中西部三大地带分析等。这些变量要进行回归时,要用数字来代替文字,这种用数字来代替的变量称为虚拟变量。在虚拟变量回归中取 0 和 1 为虚拟变量。0 常代表基础类型,1 常代表被比较的类型;0 常代表基期,1 常代表报告期。例如,城市和农村进行比较分析时,常以农村为基础;或者以某个时间点为分界点,对该时间点前后发生的事情进行比较,如 1997 年东南亚金融危机前后对比。

$$x = \begin{cases} 1 & \text{城镇} \\ 0 & \text{农村} \end{cases} \qquad x = \begin{cases} 1 & \text{金融危机后} \\ 0 & \text{金融危机前} \end{cases}$$

当要进行定性的变量有两个以上时,设定性变量数量为 K,虚拟变量设为 $K-1$ 个,如东中西部虚拟变量设置如下:

$$x_1 = \begin{cases} 1 & \text{东部} \\ 0 & \text{中西部} \end{cases} \qquad x_2 = \begin{cases} 1 & \text{中部} \\ 0 & \text{东、西部} \end{cases}$$

2. 虚拟变量回归方法

虚拟变量回归方程计算方法和前面讲述的线性回归方程一样,只是在对回归出来的方程进行解释时,对变量为 0 和变量为 1 的结果要进行对比分析。以某地城乡居民寿命差异为例(数据见表 5.1),分析虚拟变量回归方法。

表 5.1 某地城乡居民寿命

寿命/岁	地区	变量
70	农村	0
85	城市	1
60	农村	0

续表

寿命/岁	地区	变量
51	农村	0
75	城市	1
78	城市	1
72	农村	0
64	农村	0
80	城市	1
83	农村	0
62	农村	0
76	城市	1

回归后显著性检验满足要求，截距为 66，虚拟变量系数为 12.8，由此建立方程

$$y=66+12.8x \qquad (5.5)$$

这个方程表示某地农民平均寿命为 66 岁，城市居民寿命为 78.8 岁。表明城乡居民寿命存在一定的差异。这个方程实际上蕴含两个方程：

即当 $x=0$ 时，$y=66$；

当 $x=1$ 时，$y=66+12.8$。

(四)Logistic 回归

在研究某一地理现象发生的概率和影响因素时，会经常用到 Logistic 方程。Logistic 方程的形式如下：

$$\ln\left(\frac{p}{1-p}\right)=\beta_0+\beta_1x_1+\beta_2x_2+\beta_3x_3+\cdots+\beta_px_p$$

$$(5.6)$$

式中，p 为地理现象发生的概率，x 为影响概率的因素，可以是定性变量，也可以是定量变量。比较常见的

情况是因变量为二元变量，就是变量要么是 0，要么是 1，这种方程称为二元 Logistic 回归方程。例如，在研究是乘坐公交车上班，还是骑自行车上班时，就可以用到二元 Logistic 回归方程。在这里，乘坐公交车的取值为 1，骑自行车的取值为 0；在性别上，1 表示男性，0 表示女性。具体数据见表 5.2。

表 5.2　二元 Logistic 分析数据

序号	性别	年龄/岁	y	序号	性别	年龄/岁	y
1	0	18	0	15	1	20	0
2	0	21	0	16	1	25	0
3	0	23	1	17	1	27	0
4	0	23	1	18	1	28	0
5	0	28	1	19	1	30	1
6	0	31	0	20	1	32	0
7	0	36	1	21	1	33	0
8	0	42	1	22	1	33	0
9	0	46	1	23	1	38	0
10	0	48	0	24	1	41	0
11	0	55	1	25	1	45	1
12	0	56	1	26	1	48	0
13	0	58	1	27	1	52	1
14	1	18	0	28	1	56	0

数据来源：参考文献 31。

在 SPSS 中，点选"分析—回归—二元 Logistic"命令，在出现的对话框中，把因变量 y 选入因变量栏中，把年龄、性别两个变量选入协变量栏中，单击确定即可（图 5.13）。

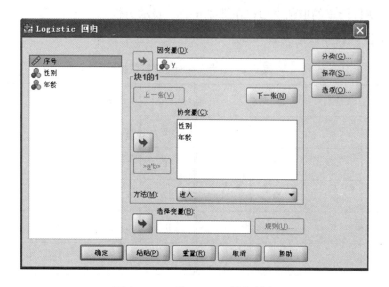

图 5.13　二元 Logistic 操作方法

结果显示，性别的系数为 -2.224，年龄系数为 0.102，常量为 -2.629，两个变量的 Sig. 值小于 0.05，说明系数有效（见表 5.3）。在方程中常量 Sig. 值可以大于 0.05，不影响方程的有效性。因此二元 Logistic 方程为

$$\ln\left(\frac{p}{1-p}\right) = -2.629 - 2.224x_1 + 0.102x_2 \quad (5.7)$$

式中，x_1 系数为负值，说明上班是否乘坐公交车和性别呈负向关系，表明女性喜欢坐公交车上班；x_2 系数为正值，说明上班是否乘坐公交车和年龄呈正向关系，表明年龄越大越喜欢坐公交车上班。

表 5.3　二元 Logistic 计算结果

类别	系数	S. E.	Wals	df	Sig.
性别	−2.224	1.048	4.506	1	.034
年龄	.102	.046	4.986	1	.026
常量	−2.629	1.554	2.862	1	.091

第六章 时间序列分析

事物(现象)的相关数据按照时间先后顺序排列形成的数列称为时间序列数据。时间序列中的时间可以是年、季度、月份或者其他类型的时间。时间序列数据是描述和研究事物(现象)随时间发展变化规律的基础。地理要素的时间序列分析有助于了解地理要素的发展过程和规律，并可以对未来进行预测。

第一节 时间序列分类和组合成分

一、时间序列分类

1. 平稳时间序列

基本不存在变化趋势的时间序列称为平稳时间序列。

2. 非平稳时间序列

时间序列中包含变化趋势、周期、季节变动等。非平稳时间序列可能包含一种变化，也可能包含几种变化。

二、时间序列组合成分

非平稳时间序列一般包含四种成分，即长期趋势、季节变动、循环变动和随机变动。

1. 长期趋势

时间序列随时间变化而呈现的不断增加或减少的变化规律，称为长期趋势。例如，中国的国内生产总值自改革开放后到现今，呈现不断增长的趋势；随着经济的发展，中国的恩格尔系数在不断减小。然而，并不是所有时间序列都出现单纯增加或减小的趋势，比如城市化进程先经历漫长的缓慢发展阶段(OA 段)，而后快速发展(AB 段)，当城市化率达到一定的峰值时，城市化进程又减慢或停滞(BC 段)，如图 6.1 所示。

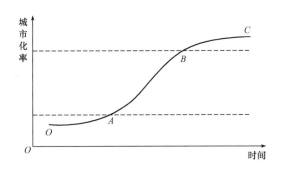

图 6.1　世界城市化发展规律

2. 季节变动

时间序列在一年中或固定时间内重复出现的周期性变动，称为季节变动。这里的"季节"是广义的，不仅指一年中的四季，还可以是任何周期变化。例如，旅游景区按照游客的多少把一年分为淡季和旺季；北方地区四季分明，农业生产有明显的季节性。

3. 循环变动

时间序列沿着趋势线呈现出如波浪起伏形态的规律运动，称为循环变动。循环变动不同于季节变动，季节变动一般有固定规律，变化周期大多是一年。而循环变动就没有固定的规律，变化周期长短不一。例如，研究者发现四川省气温经常在常年值上下波动，如图 6.2所示。

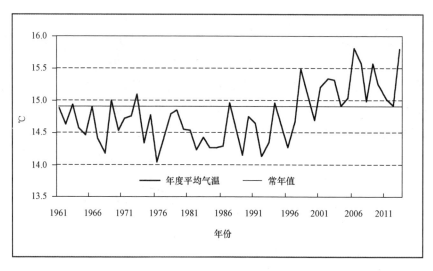

图 6.2　四川省年平均气温波动规律

图片来源：参考文献 32。

4. 随机变动

时间序列由于受到随机事件的影响而出现的无规律变动，称为随机变动，例如，中国旅游收入与游客数量在 2003 年以前都是不断增加的，在 2003 年受到非典事件的影响，旅游收入和游客数量都在大幅度减少。东南亚大多数国家在 1997 年之前，GDP 不断增长，但在1997 年受到金融危机的影响，随后进入不景气阶段。

第二节 时间序列分析方法

一、时间序列初步分析

1. 作图分析

在进行时间序列分析时，最好先作出图形，判断时间序列变化规律。例如，以山东省 1952 年以来的地区生产总值作折线图，从图 6.3 上可以看出山东经济呈现指数增长趋势。

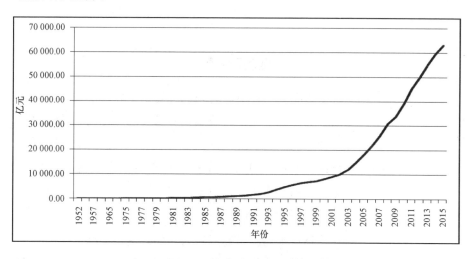

图 6.3 山东地区生产总值

2. 时间序列动态分析

在一些地理研究中经常涉及对地理要素（现象）在不同时间的变化情况进行的描述，这称为数据动态分析。

对于时间序列 a_1，a_2，$\cdots$，a_n，一般称 a_1 为基期，$a_i(i=2，3，\cdots，n)$ 为报告期，时间序列动态分析主要有以下几种形式：

（1）累计增长量：

$$a_2 - a_1, \ a_3 - a_1, \ \cdots, \ a_n - a_1$$

（2）逐期增长量：

$$a_2 - a_1, \ a_3 - a_2, \ \cdots, \ a_n - a_{n-1}$$

（3）定基增长率：

$$\left(\frac{a_2}{a_1}\right) - 1, \ \left(\frac{a_3}{a_1}\right) - 1, \ \cdots, \ \left(\frac{a_n}{a_1}\right) - 1$$

（4）环比增长率：

$$\left(\frac{a_2}{a_1}\right) - 1, \ \left(\frac{a_3}{a_2}\right) - 1, \ \cdots, \ \left(\frac{a_n}{a_{n-1}}\right) - 1$$

（5）平均增长率：

$$\left(\sqrt[n-1]{\frac{a_n}{a_1}}\right) - 1$$

二、时间序列平滑

时间序列在不同时间，会受到主导因素和偶然因素的影响，数据大小会波动，不易发现变化趋势。因此需要消除偶然因素对数据波动的影响，以便对数据变化规律进行分析。对时间序列进行平滑的方法有移动平均法、滑动平均法、指数平滑法等。

1. 移动平均法

移动平均法是通过对时间序列逐期递移，计算一定项数的平均数作为趋势值或预测值的方法。当时间序列由于受周期变动或随机因素的影响，数值变化较大，不易看出事件的发展趋势时，使用移动平均法可以消除这些因素的影响，显示出事件的发展方向与趋势。移动平均法又可以分为简单移动平均法和加权移动平均法。

（1）简单移动平均法。

如果时间序列为 y_1，y_2，$\cdots$，y_t，则该序列在 $t+1$ 时刻的预测值为

$$y_{t+1} = \frac{y_t + y_{t-1} + \cdots + y_{t-n+1}}{n} \qquad (6.1)$$

简单移动平均法常因取平均数的个数而命名为三点
移动平均、五点移动平均等。所谓三点移动平均实际上
就是取前三个数的平均值当作第四个数字的预测值，以
此递移；五点移动平均实际上就是取前五个数的平均值
当作第六个数字的预测值，以此递移。表 6.1 中展示了
原数据和三点移动、五点移动的结果。

表 6.1　某地区粮食产量移动平均结果　　　　　　万 t

年份	序号	产量	三点移动	五点移动
2001	1	3 720.6		
2002	2	3 292.7		
2003	3	3 435.5		
2004	4	3 516.7	3 482.9	
2005	5	3 917.4	3 415.0	
2006	6	4 093	3 623.2	3 576.58
2007	7	4 148.8	3 842.4	3 651.06
2008	8	4 260.5	4 053.1	3 822.28
2009	9	4 316.3	4 167.4	3 987.28
2010	10	4 335.7	4 241.9	4 147.2
2011	11	4 426.3	4 304.2	4 230.86
2012	12	4 511.4	4 359.4	4 297.52
2013	13	4 528.2	4 424.5	4 370.04
2014	14	4 596.6	4 488.6	4 423.58
2015	15	4 712.7	4 545.4	4 479.64

(2)加权移动平均法。

加权移动平均法是对每个参与平均的数值赋予相同的权重，但实际上近期数值和远期数值的作用往往不同，在进行计算时需要给予权重再计算。一般而言，近期数值要给予较大的权重，越远的数值要赋予较小的权重。

(3)移动平均法在 Excel 的计算方法。

在 Excel 中点选"工具—数据分析"命令，在数据分析工具栏中选择"移动平均"，在出现的对话框中选择输入数据，在间隔命令处输入间隔时间，在输出选项处选择输出区域(图 6.4)，单击"确定"按钮即可。

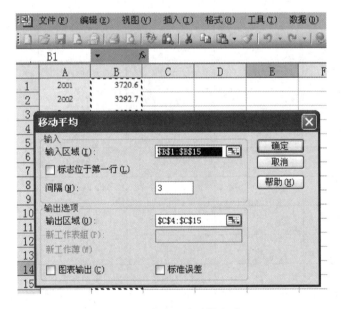

图 6.4　移动平均计算方法

也可以在 Excel 中第一个答案所在单元格中输入要计算的平均数值后，单击答案，等出现黑色方框后，鼠标左键按住黑色方框向下拖动即可。要注意三点移动平均答案前面要空三个单元格，五点移动平均答案前面要空五个单元格。

(4)移动平均法在 SPSS 的计算方法。

在 SPSS 中点选"转换—创建时间序列"命令，在"创建时间序列"工具栏中，函数选择"先前移动平均"；跨度输入需要平均值的个数，如三点移动平均就输入 3；变量栏中选择移入需要做移动平均的变量(图 6.5)，单击"确定"按钮即可得到结果。

图 6.5 移动平均法在 SPSS 的计算方法

2. 滑动平均法

滑动平均法也是通过顺序逐期计算平均值，消除偶然因素影响，找出事物发展趋势的方法。滑动平均法的原理和移动平均法相同，只是计算公式不一样。滑动平均法的计算公式如下：

$$\hat{y}_t = \frac{1}{2l+1}(y_{t-l} + y_{t-(l-1)} + \cdots +$$

$$y_{t-1} + y_t + y_{t+1} + \cdots + y_{t+l}) \tag{6.2}$$

滑动平均法随着 l 的取值，可以称之为三点滑动平均、五点滑动平均等。三点滑动平均的计算公式和五点滑动平均的计算公式如下：

$$\hat{y}_t = \frac{1}{2 \times 1 + 1}(y_{t-1} + y_t + y_{t+1}) \tag{6.3}$$

$$\hat{y}_t = \frac{1}{2 \times 2 + 1}(y_{t-2} + y_{t-1} + y_t + y_{t+1} + y_{t+2}) \tag{6.4}$$

采用某地区 15 年的粮食产量数据，计算的三点滑动平均和五点滑动平均结果和原数据见表 6.2。

表 6.2　某地区粮食产量滑动平均结果　　　　　　　　万 t

年份	序号	产量	三点滑动	五点滑动
2001	1	3 720.6		
2002	2	3 292.7	3 482.9	
2003	3	3 435.5	3 415.0	3 576.58
2004	4	3 516.7	3 623.2	3 651.06
2005	5	3 917.4	3 842.4	3 822.28
2006	6	4 093.0	4 053.1	3 987.28
2007	7	4 148.8	4 167.4	4 147.2

续表

年份	序号	产量	三点滑动	五点滑动
2008	8	4 260.5	4 241.9	4 230.86
2009	9	4 316.3	4 304.2	4 297.52
2010	10	4 335.7	4 359.4	4 370.04
2011	11	4 426.3	4 424.5	4 423.58
2012	12	4 511.4	4 488.6	4 479.64
2013	13	4 528.2	4 545.4	4 555.04
2014	14	4 596.6	4 612.5	
2015	15	4 712.7		

(1)滑动平均法在 Excel 中的计算方法。

在 Excel 中第一个答案所在单元格中输入要计算的平均数值后，单击答案，等出现黑色方框后，鼠标左键按住黑色方框向下拖动即可。要注意三点滑动平均答案前后各空一个单元格，五点滑动平均答案前后各空两个单元格。

(2)滑动平均法在 SPSS 中的计算方法。

在 SPSS 中点选"转换—创建时间序列"命令，在"创建时间序列"工具栏中，函数选择"中心移动平均"；跨度输入需要平均值的个数，如三点滑动平均就输入3；变量栏中选择移入需要做滑动平均的变量(图 6.6)，单击"确定"按钮即可得到结果。

图 6.6　滑动平均法 SPSS 计算方法

3. 指数平滑法

指数平滑法是对已知数据进行加权平均的一种分析方法。研究者认为时间序列具有稳定性或规则性的发展趋势，因此时间序列可以合理地往后推延。因此指数平滑法对已知数据按照发生时间远近，赋予不同大小的权值，对时间序列数据进行模拟、预测。一般是时间远的，权重小；时间近的，权重大。由于随着时间增加，权重值呈现指数减小的情况，因此被称为指数平滑。指数平滑法可以根据平滑的次数分为一次指数平滑、二次指数平滑、三次指数平滑等，平滑次数越多越复杂。

指数平滑法的优点是：①对不同时间数据进行不同权重的计算比较符合实际情况；②计算过程只使用一个

参数，简便易行。指数平滑法的缺点是：①对数据的转折点缺乏鉴别能力；②长期预测效果较差，适合进行短期预测。指数平滑法的计算公式如下：

$$\hat{y_t}+1=\alpha y_t+(1-\alpha)\hat{y_t} \qquad (6.5)$$

由上式可推知：

$$\hat{y_2}=\alpha y_1+(1-\alpha)\hat{y_1} \qquad (6.6)$$

即
$$\hat{y_2}=y_1 \qquad (6.7)$$

$$\hat{y_3}=\alpha y_2+(1-\alpha)\hat{y_2} \qquad (6.8)$$

即
$$\hat{y_3}=\alpha y_2+(1-\alpha)y_1 \qquad (6.9)$$

$$\hat{y_4}=\alpha y_3+(1-\alpha)\hat{y_3} \qquad (6.10)$$

即
$$\hat{y_4}=\alpha y_3+(1-\alpha)\left[\alpha y_2+(1-\alpha)y_1\right] \qquad (6.11)$$

$$\hat{y_4}=\alpha y_3+\alpha(1-\alpha)y_2+(1-\alpha)^2 y_1 \qquad (6.12)$$

式中，y_t 是前一期实际数值，$\hat{y_t}$ 是前一期预测值。当要模拟的值是第二期数值时，$\hat{y_t}$ 就取第一期的实际值[见式(6.6)]。指数平滑法计算的关键是 α 取值大小，α 值由研究者主观赋值。如果数据波动较大，α 值应取大一些，可以增加近期数据对研究结果的影响。如果数据波动平稳，α 值应取小一些。具体取值经验如下：

①当时间序列具有较稳定的水平趋势时，应选较小的 α 值，可在 0.05～0.20 取值；

②当时间序列有波动且长期趋势变化不大时，可选稍大的 α 值，常在 0.1～0.4 取值；

③当时间序列波动较大，并且长期趋势变化幅度也大，呈现明显且迅速的上升或下降趋势时，宜选择较大的 α 值，可在 0.6～0.8 取值；

④当时间序列数据是上升(或下降)的发展趋势类型

时，α 应取较大的值，可在 0.6~1 取值。

（1）指数平滑法在 Excel 中的计算方法。

在 Excel 中点选"工具—数据分析—指数平滑"命令，在"指数平滑"命令窗口中，输入区域选择要计算的数据，在阻尼系数内输入数据，数据值＝1−α，选定输出区域后（图 6.7），单击确定即可得到答案。

图 6.7　指数平滑法 Excel 计算方法

（2）指数平滑法在 SPSS 中的计算方法。

在 SPSS 中点选"分析—预测—创建模型"命令，在"时间序列建模器"中把变量选中移入"因变量"栏中，在"方法"处选择指数平滑法（图 6.8），在"条件"处点选"非季节性"中需要类型（图 6.9）。在"统计量"中选择"显示预测值"，在"保存"命令中预测值点选"保存"，并可以修改预测值名称。最后单击确定即可得到答案。

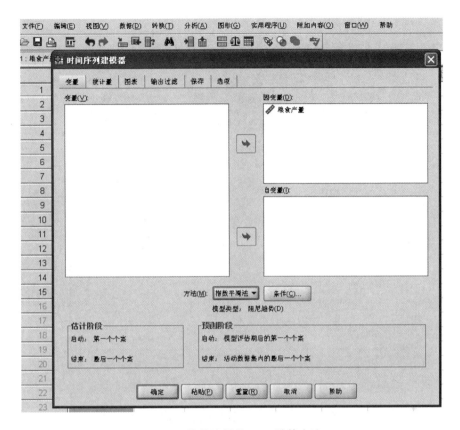

图 6.8　指数平滑的 SPSS 计算方法

在指数平滑条件中，非季节性部分有四种形式(图 6.9)，适用条件各不相同，其中"Holt 线性趋势"应用最广。四种模型的应用条件如下：

①简单：指数平滑模型适用于没有趋势或季节性的序列，其唯一的平滑参数是水平。

②Holt 线性趋势：该模型适用于具有线性趋势且没有季节性的序列，其平滑参数是水平和趋势，Holt 模型比 Brown 模型通用。

③Brown 线性趋势：该模型适用于具有线性趋势且没有季节性的序列，其平滑参数是水平和趋势。

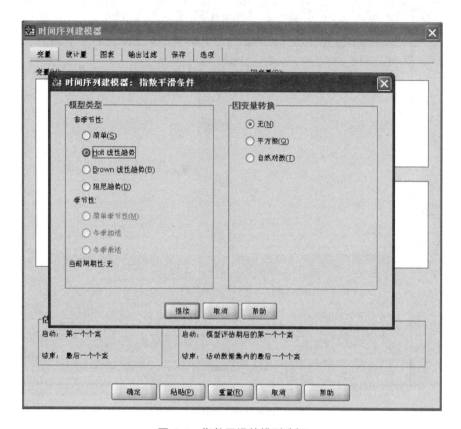

图 6.9　指数平滑的模型选择

④阻尼趋势：该模型适用于具有线性趋势的序列，且该线性趋势正逐渐消失并且没有季节性，其平滑参数是水平、趋势和阻尼趋势。

后三种模型中涉及的线性趋势，是指时间序列随着时间变化而出现的稳定增长或下降的规律。

（3）二次指数平滑。

二次指数平滑是在一次的基础上再次进行指数平滑，目的是能够跨期预测。令 $s_t^{(1)}$ 为一次指数平滑值，对其进行二次指数平滑的公式如下：

$$s_t^{(2)} = \alpha s_t^{(1)} + (1-\alpha) s_{t-1}^{(2)} \qquad (6.13)$$

式中，$s_{t-1}^{(2)}$ 计算初值用 $s_t^{(1)}$ 数据的第一个值即可。在此基础上，令

$$a_t = 2s_t^{(1)} - s_t^{(2)} \qquad (6.14)$$

$$b_t = \frac{\alpha}{1-\alpha}(s_t^{(1)} - s_t^{(2)}) \qquad (6.15)$$

则

$$y_t + k = a_t + b_t k \qquad (6.16)$$

当 k 取不同值时，就可以进行跨期预测了。鉴于三次以上指数平滑比较复杂，在此不对其进行讲述。

三、趋势拟合

多数时间序列具有长期变化趋势，因此对线性或非线性变化趋势可以进行拟合。常用的趋势线方程如下：

(1)直线型趋势线：

$$y_t = a + b_t \qquad (6.17)$$

(2)指数型趋势线：

$$y_t = ab^t \qquad (6.18)$$

(3)抛物线型趋势线：

$$y_t = a + b_t + ct^2 \qquad (6.19)$$

趋势拟合较为常用的有 Excel 趋势拟合方法和 SPSS 趋势拟合方法，Excel 趋势拟合方法前面已经提到，在此不再赘述。SPSS 趋势拟合方法在"分析—回归—曲线估计"命令中实现。在出现的"曲线估计"对话框中，点选因变量、自变量，在模型处选择合适的模型即可，方法如图 6.10 所示。

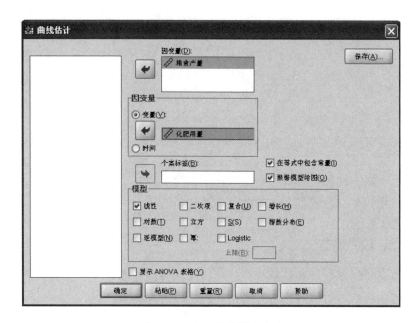

图 6.10　SPSS 趋势拟合方法

四、自回归模型

当时间序列存在自相关时，对其数据按一定时间间隔错位排列成两列数据，然后对两列数据进行回归，这种方法称为自回归模型。自回归模型的优点是模型建立不需要较多资料，利用自身变数数列进行分析；缺点是变数数列必须自相关，否则预测结果不准确。自回归模型在经济分析、自然现象研究方面得到广泛运用，如人均 GDP 预测、动物种群数量预测等。

1. 常见自回归模型建模

对时间序列建立一期变数数列进行回归分析，即建立一阶线性回归方程；对时间序列建立两期变数数列进行回归分析，即建立二阶线性回归方程。建立变数数列

越多，模型越复杂。一阶线性回归方程、二阶线性回归
方程形式如下：

$$y_t = \varphi_0 + \varphi_1 y_{t-1} \tag{6.20}$$

$$y_t = \varphi_0 + \varphi_1 y_{t-1} + \varphi_2 y_{t-2} \tag{6.21}$$

以表6.3中的数据为例，进行一阶线性回归方程计
算。在计算回归系数时，把 y_t 列数据当作 y 变量，把
原数据当作 x 变量。通过自相关分析，发现相关系数
为0.986，相关性很高，可以进行自回归分析。通过自
回归分析可得一阶线性回归方程：

$$y_t = 3.624 + 0.956 y_{t-1} \tag{6.22}$$

表6.3　某地受灾面积与变数数列　　　　　　hm^2

年份	序号	受灾面积	变数数列(y_t)	原数列 (y_{t-1})
1992	1	50.00	52.00	50.00
1993	2	52.00	53.00	52.00
1994	3	53.00	53.00	53.00
1995	4	53.00	55.00	53.00
1996	5	55.00	56.00	55.00
1997	6	56.00	58.00	56.00
1998	7	58.00	59.00	58.00
1999	8	59.00	60.00	59.00
2000	9	60.00	61.00	60.00
2001	10	61.00	61.00	61.00
2002	11	61.00	62.00	61.00
2003	12	62.00		62.00

2. 自回归滑动平均在 SPSS 中的实现方法

自回归模型在 SPSS 不同版本中实现方法有差异，在这里主要讲述自回归滑动平均在 SPSS 17.0 中的实现方法。在 SPSS 变量视图中命名变量名称，类型为数值型。在数据视图中输入时间序列数据。在"数据—定义日期"中，定义日期为年份，起始年份为 1992 年（图 6.11）。

图 6.11　自回归滑动平均在 SPSS 17.0 中定义日期方法

点选"分析—预测—创建模型"命令，在"时间序列建模器"中把变量名(受灾面积)选入因变量栏中，在"方法"处选择专家建模器，在统计量最下面点选"显示预测值"，在保存工具中点选保存并可以修改预测值名称，在选项工具中"预测阶段"选择"模型评估期后的第一个个案到指定日期之间的个案"，在"日期"处输入要预测年份，单击确定即可得到预测值(图 6.12)，如本时间序列最后日期是 2003 年，输入 2006 年后，得到 2004 年、2005 年、2006 年三年预测值。

图 6.12 自回归分析方法

五、季节性分析与预测

社会经济系统中的一些地理要素除了受随机性因素和趋势性变化影响外，还会受到季节性因素的影响。这种季节性变化往往由内、外因素共同作用引起，有时直接分析比较困难。人们通常不考虑事情变化的原因，而直接利用时间序列数据进行分析和研究。在旅游业发展过程中，季节性是一个重要特征，并且对旅游业的各方面都有影响，因此对旅游数据的季节性分析比较重要。旅游数据季节性分析步骤如下：

1. 季节性指数及其校正

季节性指数可以刻画时间序列数据在一年内各季节或各月份的变化特征。如果根据一年或两年的历史数据计算，这样得到的季节变动指标往往含有较大的随机因素影响，因此在实际分析中一般需要用三年或三年以上的分季节或分月份数据。季节性指数计算方法如下：

$$C=A/B \tag{6.23}$$

式中，C 为季节性指数，A 为每月或每季的实际数据，B 为每月或每季的平均值，平均值计算方法为移动平均法或滑动平均法。以一年 4 个季度来计算平均指数，每个季度的季节性指数平均数为 100％（或 1），一年 4 个季度的季节性指数之和为 400％（或 4）。如果 4 个季度的季节性指数之和不是 400％（或 4），要对计算出来的季节性指数进行调整，使其总和为 400％，这种指数称为季节性校正指数。各季度的季节性指数围绕着 100％上下波动，如果超过 100％，说明为旺季；如果小于 100％，说明为淡季。表 6.4 中给出了某国家 2013 至 2015 年的季节性指数，对表中季节性指数求和，发现总和不为 4，是 3.997 3，因此需要对季节性指数进行修正。修正方法是用 4 除以 3.997 3，数值为 1.000 7，分别对原四个季节性指数乘以 1.000 7，这样得到的指数称为校正指数（校正结果见表 6.5）。同时可以根据表中季节系数大小判断出淡旺季，本时间序列中第 2、3季度是旺季，第 1、4 季度是淡季。

表 6.4　某国家各季节游客流量和季节性指数

年份	季度	t	游客人数/万人	三次滑动平均/万人	季节性指数
2013	1	1	4 043		
	2	2	4 754	4 601.00	1.033 3
	3	3	5 006	4 756.00	1.052 6
	4	4	4 508	4 659.00	0.967 6

续表

年份	季度	t	游客人数/万人	三次滑动平均/万人	季节性指数
2014	1	5	4 463	4 717.33	0.946 1
	2	6	5 181	5 068.67	1.022 2
	3	7	5 562	5 234.67	1.062 5
	4	8	4 961	5 122.33	0.968 5
2015	1	9	4 844	5 134.67	0.943 4
	2	10	5 599	5 510.00	1.016 2
	3	11	6 087	5 707.33	1.066 5
	4	12	5 436		

表 6.5　季节性指数及其校正指数

年份	1	2	3	4	
2013		1.033 3	1.052 6	0.967 6	
2014	0.946 1	1.022 2	1.062 5	0.968 5	
2015	0.943 4	1.016 2	1.066 5		
指数均值	0.944 8	1.023 9	1.060 5	0.968 1	3.997 3
校正指数	0.945 5	1.024 6	1.061 2	0.968 8	4.000 1

2. 预测模型计算

对实际数据分别进行一次指数滑动平均、二次指数滑动平均计算，两次平滑系数均为 0.7，根据平滑后的数值计算预测模型系数 a、b，由于时间序列往往是时间越近，趋势越相似，因此只需要计算最后一个季度的 a、b 系数即可，计算结果见表 6.6。

表 6.6　平滑数据值和模型系数

年份	季度	t	游客人数/万人	一次平滑	二次平滑	a	b
2013	1	1	4 043	4 043.00	4 043.00		
	2	2	4 754	4 540.70	4 391.39		
	3	3	5 006	4 930.40	4 768.70		
	4	4	4 508	4 657.40	4 690.79		
2014	1	5	4 463	4 476.50	4 540.79		
	2	6	5 181	4 965.60	4 838.16		
	3	7	5 562	5 447.70	5 264.84		
	4	8	4 961	5 141.30	5 178.36		
2015	1	9	4 844	4 879.10	4 968.88		
	2	10	5 599	5 372.50	5 251.41		
	3	11	6 087	5 940.60	5 733.84		
	4	12	5 436	5 631.30	5 662.06	5 600.54	−7.69

由此可以写出预测模型为

$$y_{12+k} = (5\,600.54 - 7.69\,K)\theta_k \qquad (6.24)$$

式中，K 为 1、2、3、4，表示不同的季节，θ_k 表示四个季节不同的季节性校正指数值。把 K 和 θ_k 代入公式就可以预测下一年四个季节的游客数量和全年游客数量。

$$y_{12+1} = (5\,600.54 - 7.69 \times 1) \times 0.945\,5 = 5\,288.04$$

$$y_{12+2} = (5\,600.54 - 7.69 \times 2) \times 1.024\,6 = 5\,722.55$$

$$y_{12+3} = (5\,600.54 - 7.69 \times 3) \times 1.061\,2 = 5\,918.81$$

$$y_{12+4} = (5\,600.54 - 7.69 \times 4) \times 0.968\,8 = 5\,396.00$$

下一年全年游客数量预测值为

5 288.04＋5 722.55＋5 918.81＋5 396.00＝22 325.40

3. SPSS 计算方法

（1）定义日期。

在 SPSS 中进行季节性分析需要对输入的日期进行
定义，否则软件只是把数据当作一般时间序列，不确定
为季节性数据。在 SPSS 中的变量视图窗口中命令年份
和季节两个变量的类型为数值型；在数据视图窗口中输
入数据年份和季节数。点选"数据—定义日期"命令，打
开"定义日期"对话框，在"个案"处选择日期类型，在此
选择年份、季度，在"第一个个案为"栏中"年"处输入
2013，"季度"处输入 1，单击确定（图 6.13），在数据视
图窗口生成三列数据，这样就定义好了软件所能认识的
日期类型（图 6.14）。

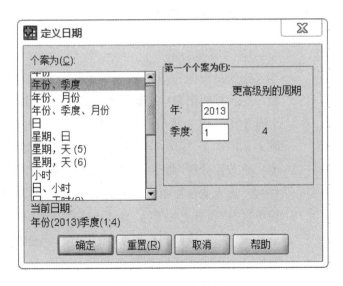

图 6.13　定义日期方法

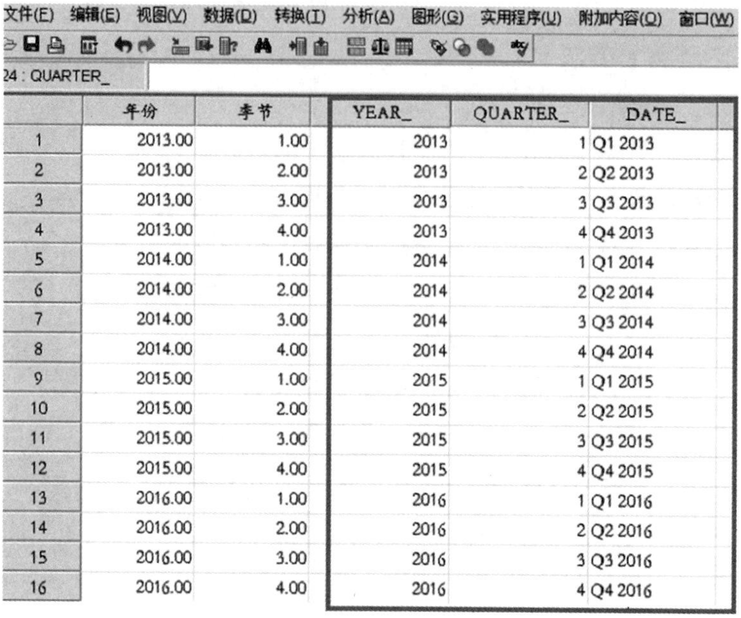

图 6.14　定义日期结果

（2）季节性分解。

在变量视图窗口中添加要进行分析的季节数据变量，在数据视图窗口中输入季节数据。软件计算最低要求有 4 年、16 个季节数据，因此在 2013—2015 年的基础上，增加了 2016 年 4 个季节数据。点选"分析—预测—季节性分解"命令，在"周期性分解"窗口中把变量（游客）选入变量栏中，模型类型选择"乘法"，移动平均权重选择"所有点相等"，具体操作过程如图 6.15 所示。单击确定后生成四列新数据（图 6.16），分别是 ERR（残差值）、SAS（季节性调整序列）、SAF（季节性调整因子）和 STC（平滑的趋势循环成分）。这四列的含义是：

ERR：这些值是在从序列中删除季节性、趋势和循环成分之后保留的。

SAS：这些值是在删除序列的季节性变化之后获得的。

SAF：这些值指示每个周期对序列水平的影响。

STC：这些值显示序列中出现的趋势和循环行为。

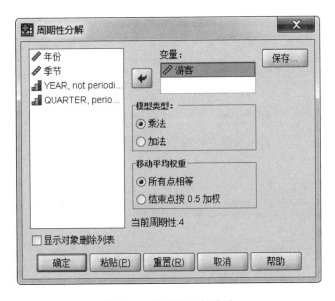

图 6.15　季节性分解方法

年份	季节	YEAR_	QUARTER_	DATE_	游客	ERR_1	SAS_1	SAF_1	STC_1
2013.00	1.00	2013	1	Q1 2013	4043.00	0.98521	4416.14048	0.91551	4482.44843
2013.00	2.00	2013	2	Q2 2013	4754.00	1.01649	4605.03595	1.03235	4530.32237
2013.00	3.00	2013	3	Q3 2013	5006.00	0.98783	4569.79068	1.09545	4626.07024
2013.00	4.00	2013	4	Q4 2013	4508.00	0.99436	4712.07212	0.95669	4738.81076
2014.00	1.00	2014	1	Q1 2014	4463.00	1.00322	4874.90352	0.91551	4859.25557
2014.00	2.00	2014	2	Q2 2014	5181.00	1.00691	5018.65614	1.03235	4984.23458
2014.00	3.00	2014	3	Q3 2014	5562.00	0.99759	5077.34234	1.09545	5089.60754
2014.00	4.00	2014	4	Q4 2014	4961.00	0.99860	5185.57892	0.95669	5192.86336
2015.00	1.00	2015	1	Q1 2015	4844.00	0.99778	5291.06714	0.91551	5302.82373
2015.00	2.00	2015	2	Q2 2015	5599.00	0.99956	5423.55833	1.03235	5425.96226
2015.00	3.00	2015	3	Q3 2015	6087.00	1.00168	5556.59526	1.09545	5547.24888
2015.00	4.00	2015	4	Q4 2015	5436.00	1.00303	5682.08164	0.95669	5664.94515
2016.00	1.00	2016	1	Q1 2016	5267.00	0.99548	5753.10707	0.91551	5779.21276
2016.00	2.00	2016	2	Q2 2016	6086.00	0.99972	5895.29845	1.03235	5896.93836
2016.00	3.00	2016	3	Q3 2016	6619.00	1.00418	6042.23822	1.09545	6017.10479
2016.00	4.00	2016	4	Q4 2016	5849.00	1.00602	6113.77769	0.95669	6077.18800

图 6.16　季节性分解结果

(3)创建预测模型。

点选"分析—预测—创建模型"命令，在"时间序列建模器"中把要分析变量选入"因变量"栏中，在"方法"处选择专家建模器，在"条件"处单击，在出现的"时间序列建模器：专家建模器条件"对话框中，模型类型选择"所有模型"，点选"专家建模器考虑季节性模型"（图 6.17）。在"时间序列建模器""统计量"窗口中点选"显示预测值"，在"保存"窗口中单击保存预测值，并可以对预测值进行改名。在"导出模型文件"中选择保存模型地址，方便预测时直接引用（图 6.18）。单击确定后在数据视图窗口出现预测值。

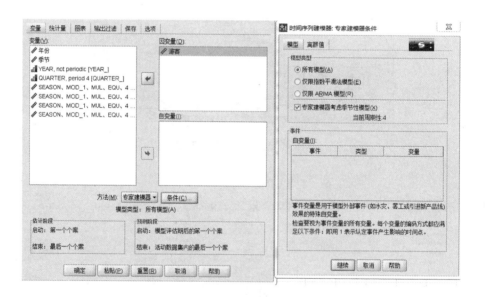

图 6.17　创建模型方法

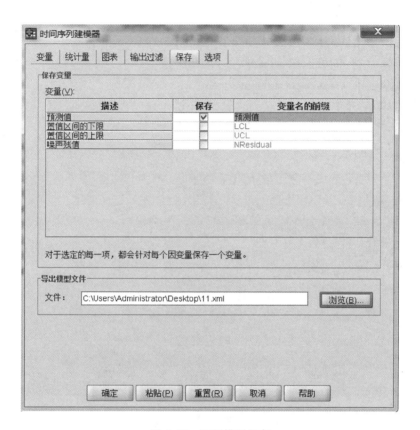

图 6.18 预测模型保存

(4)季节性数据预测。

点选"分析—预测—应用模型"命令，在出现的"应用时间系列模型"中，选择"从模型文件中加载"，在"模型文件"处打开预测模型保存地址；在"预测阶段"处选择"模型评估期后的第一个个案到指定日期之间的个案"，输入年份和季度数，如对 2017 年 4 个季度进行预测，就输入 2017 年和 4 个季度，在"统计量"窗口最下面选择"显示预测值"，在"保存"处单击"保存"并可以更改预测值变量名(图 6.19)。单击确定后在数据视图窗口中出现预测值，图 6.20 中方框内即为预测值。

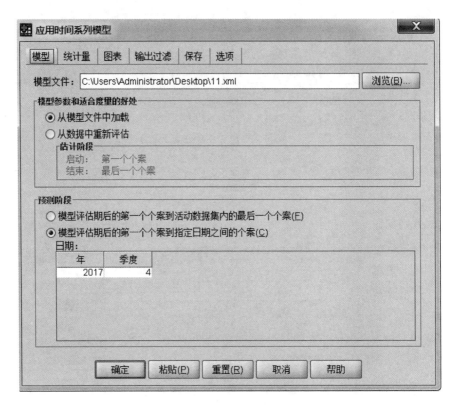

图 6.19 季节性数据预测方法

年份	季节	YEAR_	QUARTER_	DATE_	游客	ERR_1	SAS_1	SAF_1	STC_1	预测值_游客_模型_1	预测值_游客_模型_1_A
2013.00	1.00	2013	1	Q1 2013	4043.00	0.98521	4416.14048	0.91551	4482.44843	4043.00	
2013.00	2.00	2013	2	Q2 2013	4754.00	1.01649	4605.03595	1.03235	4530.32257	4754.00	
2013.00	3.00	2013	3	Q3 2013	5006.00	0.98783	4569.79068	1.09545	4626.07024	5007.21	
2013.00	4.00	2013	4	Q4 2013	4508.00	0.99436	4712.07212	0.95669	4738.81076	4509.09	
2014.00	1.00	2014	1	Q1 2014	4463.00	1.00322	4874.90352	0.91551	4859.25557	4446.14	
2014.00	2.00	2014	2	Q2 2014	5181.00	1.00691	5018.65614	1.03235	4984.23458	5218.28	
2014.00	3.00	2014	3	Q3 2014	5562.00	0.99759	5077.34234	1.09545	5089.60754	5480.43	
2014.00	4.00	2014	4	Q4 2014	4961.00	0.99860	5185.57892	0.95669	5192.86336	4931.58	
2015.00	1.00	2015	1	Q1 2015	4844.00	0.99778	5291.06714	0.91551	5302.82373	4877.38	
2015.00	2.00	2015	2	Q2 2015	5599.00	0.99056	5423.55833	1.03235	5425.96226	5653.20	
2015.00	3.00	2015	3	Q3 2015	6087.00	1.00168	5556.50526	1.09545	5547.24888	6051.78	
2015.00	4.00	2015	4	Q4 2015	5436.00	1.00503	5682.08164	0.95669	5664.94515	5387.11	
2016.00	1.00	2016	1	Q1 2016	5267.00	0.99548	5753.10707	0.91551	5779.21276	5254.93	
2016.00	2.00	2016	2	Q2 2016	6086.00	0.99972	5895.29845	1.03235	5896.93836	6069.90	
2016.00	3.00	2016	3	Q3 2016	6619.00	1.00418	6042.23822	1.09545	6017.10479	6593.77	
2016.00	4.00	2016	4	Q4 2016	5849.00	1.00602	6113.77369	0.95669	6072.18800	5882.95	
		2017	1	Q1 2017	:	:	:	:	:		5689.97
		2017	2	Q2 2017	:	:	:	:	:		6564.50
		2017	3	Q3 2017	:	:	:	:	:		7127.35
		2017	4	Q4 2017	:	:	:	:	:		6289.75

图 6.20 季节性数据预测结果

第七章　聚类分析方法

在地理现象(要素)研究过程中，很多时候需要进行分类，过去主要靠经验和专业知识进行分类。但当研究对象(要素)比较多、分类比较细时，传统经验就很难起作用了，就需要引入科学的分类方法。

聚类分析是一种科学分类方法，在分类的过程中，研究者不必事先给出一个分类的标准，此方法能够从样本数据出发，利用数学方法按照事物之间的相似程度自动进行分类。聚类分析在区域分类、土地利用评价、环境评价等方面应用很广，如郝春旭等根据不同省份环境绩效进行聚类分析，禹洋春等对西南丘陵山区土地利用进行聚类分区。

聚类分析的优点是分类过程简单、直观，缺点是：①在对数据进行处理的过程中标准化方法、距离计算方法有多种，聚类方法也有多种，分类结果常因使用分类方法不同而不同；②不管实际数据中是否真正存在不同的类别，利用聚类分析都能进行分类；③此外增加或删除一些变量，常对分类结果造成较大影响。

第一节　聚类分析原理

一、聚类分析方法

现在许多统计软件都能够进行聚类分析，只要输入数据，很方便就可以得到分类结果。因此对分类方法不展开论述，直接以 SPSS 软件为例讲述聚类分析方法。

SPSS 聚类分析方法主要有层次聚类法（或系统聚类法，不同版本翻译名称略有不同）、快速聚类法（又名 K－mean 聚类）、两步聚类法（又名二阶聚类）等方法。两步聚类法主要是对含有分类变量和连续变量的混合数据进行分类，例如，对不同的城市进行分类，城市名称就是分类变量，城市人口、城市面积等就是连续变量。层次聚类法，顾名思义，就是要一层一层地进行聚类，可以从下而上地把小的类合并聚集，也可以从上而下地将大的类进行分割。层次聚类法对计算机的性能要求较高，对于大样本数据来说计算比较慢。快速聚类法根据用户事先给出的聚类数目，快速聚类。快速聚类法运算简单快捷，结果会不断修正到最佳为止，但聚类效果往往不是很好。相比较而言，层次聚类法的聚类过程清晰明了，可以选取需要划分的类别数。现在大多数研究均选用层次聚类法，因此主要对层次聚类分析方法进行详细讲述。

层次聚类法的计算过程是开始时把每个样品作为一类，然后把最靠近的样品（即距离最小的样品）首先聚为小类，再将已聚合的小类按其类间距离再合并，不断继续下去，最后把一切子类都聚合到一个大类。根据对变量或样品聚类，层次聚类又分为样品聚类（Q 型聚类）、变量聚类(R 型聚类)。

二、层次聚类分析原理

(一)地理数据标准化

聚类分析前要将地理数据收集在表格中，一般一列数据存放同一变量数据。地理数据类型不同，所采用的量纲也不同。在聚类分析时，往往需要对数据进行标准化，消除量纲的影响。地理数据标准化的方法有多种，常用的标准化方法如下：

1. z—score 标准化

z—score 标准化又称标准差标准化，用每一个实际数据减去同一列数据平均值，然后除以同一列数据的标准差，这样就可以进行无量纲化。

$$x = \frac{x_{ij} - \overline{x}_j}{s_j} \tag{7.1}$$

式中，$\overline{x}_j$ 是同一列数据的平均值，s_j 是同一列数据的标准差。

2. 全距—1 到 1

每一个实际数据除以该变量的全距(极大值与极小值之差)，标准化后值的范围在—1 到 1。

$$x = \frac{x_{ij}}{\max\{x_{ij}\} - \min\{x_{ij}\}} \tag{7.2}$$

3. 全距 0 到 1

全距 0 到 1 又称极差标准化，即每一个实际数据减去该变量最小值后，再除以该变量全距，标准化后值的范围在 0 到 1。

$$x = \frac{x_{ij} - \min\{x_{ij}\}}{\max\{x_{ij}\} - \min\{x_{ij}\}} \tag{7.3}$$

4. Maximum magnitude of 1

Maximum magnitude of 1 又称极大值标准化，就

是用每一个实际数据除以同一列数据的最大值，以去除量纲。

$$x = \frac{x_{ij}}{\max\{x_{ij}\}} \tag{7.4}$$

5. Mean of 1

Mean of 1 就是用每一个实际数据除以同一列数据的平均值，这样就可以去除量纲。

$$x = \frac{x_{ij}}{\bar{x}} \tag{7.5}$$

6. Standard deviation of 1

Standard deviation of 1 就是用每一个实际数据除以同一列数据的标准差，s_j 是同一列数据的标准差。

$$x = \frac{x_{ij}}{s_j} \tag{7.6}$$

根据众多的研究资料，z-score 标准化方法最为常见。表 7.1 中数据为某省 7 个地市 6 项指标值，下面以 z-score 标准化方法为例来讲述标准化方法，数据结果见表 7.2。

表 7.1　某省 7 个地市 6 项分类指标

地区	指标 1	指标 2	指标 3	指标 4	指标 5	指标 6
region1	624.43	65.60	5 700.85	7.40	1 704.27	1 250.05
region2	461.74	67.40	3 858.54	9.10	1 180.74	1 134.75
region3	357.38	60.90	1 881.28	18.60	748.89	610.85
region4	617.17	76.80	3 283.73	11.00	1 443.40	1 380.46
region5	268.78	59.60	1 206.69	24.50	363.73	331.36
region6	766.13	48.60	2 111.88	35.10	633.94	736.54
region7	459.25	50.20	1 311.89	35.30	438.35	418.90

表 7.2 某省 7 个地市分类指标 z—score 标准化

地区	指标 1	指标 2	指标 3	指标 4	指标 5	指标 6
region1	0.28	0.99	2.43	−1.63	2.10	1.52
region2	−0.54	1.14	1.19	−1.48	0.96	1.24
region3	−1.07	0.59	−0.14	−0.66	0.01	−0.07
region4	0.25	1.93	0.81	−1.32	1.53	1.85
region5	−1.52	0.48	−0.59	−0.15	−0.82	−0.77
region6	1.00	−0.44	0.02	0.76	−0.24	0.24
region7	−0.56	−0.31	−0.52	0.78	−0.66	−0.55

(二)相似性计算

由地理学第一定律可知,地理事物之间的相关性与距离有关,一般来说,距离越近,事物之间相关性越大;距离越远,事物之间相关性越小。因此可以利用距离来衡量事物之间的相似性。常见的而且容易理解的距离计算方法如下:

1. 欧式距离

两个变量之间的距离是每个相对应变量之差的平方和的平方根(变量所包含样本数为 n,$k=n$)。

$$d_{ij} = \sqrt{\sum_{i=1}^{n}(x_{ik} - x_{jk})^2} \tag{7.7}$$

2. 欧式平方距离

两个变量之间的距离是每个相对应变量之差的平方和(变量所包含样本数为 n,$k=n$)。

$$d_{ij} = \sum_{i=1}^{n}(x_{ik} - x_{jk})^2 \tag{7.8}$$

3. 余弦距离

两个变量夹角的余弦值作为衡量两个个体间差异的

大小(变量所包含样本数为 n，$k=n$)。

$$\cos\theta = \frac{\sum\limits_{i=1}^{n}(x_{ik} \times x_{jk})}{\sqrt{\sum\limits_{i=1}^{n}(x_{ik})^2} \times \sqrt{\sum\limits_{i=1}^{n}(x_{jk})^2}} \qquad (7.9)$$

4. Person 相关性

Person 相关性就是用相关系数的大小作为衡量距离，公式在前面计算相关系数时已经涉及，不再赘述。

5. Chebychew 距离

Chebychew 距离，又译为切比雪夫距离，两个变量之间的距离是所有相对应变量之差的绝对值的最大值(变量所包含样本数为 k)。

$$d_{ij} = \max|x_{ik} - x_{jk}| \qquad (7.10)$$

6. Block 距离

Block 距离，又称为绝对值距离，两个变量之间的距离是所有相对应变量之差的绝对值的总和(变量所包含样本数为 k)。

$$d_{ij} = \sum\limits_{i=1}^{n}|x_{ik} - x_{jk}| \qquad (7.11)$$

7. Minkowski 距离

Minkowski 距离，又称为明可夫斯基距离，两个变量之间的距离是每个相对应变量之差的绝对值 p 次方的总和，然后再对总和开方(变量所包含样本数为 n，$k=n$，p 由计算者自行决定大小)。

$$d_{ij} = \sqrt{\sum\limits_{i=1}^{n}|x_{ik} - x_{jk}|^{p}} \qquad (7.12)$$

8. 自定义距离(Customized 距离)

计算方法和 Minkowski 距离公式相同，不过计算者要自己决定 p、q 大小。

$$d_{ij} = \sqrt[q]{\sum_{i=1}^{n} |x_{ik} - x_{jk}|^{p}} \qquad (7.13)$$

以常用的欧式距离为例，计算某省 7 个地市的相似性，计算过程是用 z－score 标准化数据中每两个区域的横行 6 项指标运算，计算结果见表 7.3。

表 7.3　不同区域距离计算

区域	region1	region2	region3	region4	region5	region6	region7
region1	0						
region2	1.91	0					
region3	4.05	2.38	0				
region4	2.01	1.45	3.30	0			
region5	5.35	3.68	1.36	4.58	0		
region6	4.60	3.70	2.75	4.11	3.12	0	
region7	5.37	4.00	2.00	4.73	1.58	1.88	0

(三)聚类方法

衡量变量之间相似性的计算方法不同，就会产生层次聚类的不同方法，如最短距离聚类法、最大距离聚类法、重心聚类法等。

1. 组间链接

组间链接就是两个小类之间的距离为所有样本之间的平均距离。如小类 A 包含样本 1、样本 2，小类 B 包含样本 3、样本 4，这样两小类之间的距离就是(样本 1、样本 3)、(样本 1、样本 4)、(样本 2、样本 3)、(样本 2、样本 4)间距离的平均值。

2. 组内链接

组内链接方法与组间链接类似，这里的平均距离除了计算组间样本之间的距离外，还包括组内样本之间的距离，即计算（样本 1、样本 2）、（样本 3、样本 4）的距离。

3. 最短距离聚类法

最短距离聚类是以某个样本与已经形成的小类中的各样本距离中最小值作为衡量标准。

4. 最大距离聚类法

最大距离聚类是以某个样本与已经形成的小类中的各样本距离中最大值作为衡量标准。

5. 重心聚类法

重心聚类是以两个小类之间的重心距离作为聚类标准。

6. 中位数聚类法

中位数聚类是以两个小类之间的最大距离和最小距离的中间值作为聚类标准。

7. 离差平方和法（Ward 法）

离差平方和是以不同小类内的各样本的欧式距离总平方和最小的两个小类作为合并标准。

第二节 层次聚类分析在 SPSS 实现方法

一、SPSS 实现方法

在 SPSS 数量视图窗口打开数据或输入数据，点选菜单栏"分析—分类—系统聚类"命令，把分类指标选入

"变量"栏中,"分群"处点选个案,"标注个案"处选入地区(图7.1)。在"绘制"命令处选中"树状图"(图7.2),在"方法"处选择相似性计算方法、标准化方法、聚类方法,本例选择了欧式距离来计算相似性,选择 z—score 进行标准化,组间连接来聚类(图7.3)。

图7.1 聚类分析实现方法

图7.2 分析结果显示

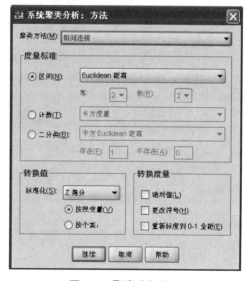

图7.3 聚类分析处理

二、结果分析

聚类分析结果一般是看树状图，树状图的分析主要是切割法。以图 7.4 为例，如果在图中 15 处垂直切一刀，可以发现 7 个区域分为两类：region2、region4、region1 分为一类，region3、region5、region7、region6 分为一类；如果在图中 10 处垂直切一刀，7 个区域可以分为三类：region2、region4、region1 分为一类，region3、region5、region7 分为一类，region6 单独为一类；如果在图中 5 处垂直切一刀，可以分为 5 类：region2、region4 为一类，region3、region5 为一类，region7、region6、region1 分别独立成类。依次切割，最后是 region1 到 region7 成为 7 类。

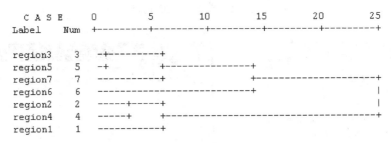

Dendrogram using Average Linkage (Between Groups)

Rescaled Distance Cluster Combine

```
        C A S E      0         5        10        15        20        25
        Label   Num  +---------+---------+---------+---------+---------+

        region3   3  -+----------+
        region5   5  -+          +---------------+
        region7   7  -----------+                +--------------------+
        region6   6  ----------------------------+                    |
        region2   2  -----+-----+                                     |
        region4   4  -----+     +-------------------------------------+
        region1   1  -----------+
```

图 7.4 聚类分析树状图

第八章　指标降维方法

第一节　主成分分析原理

在对地理系统研究时，往往有很多与研究相关的变量（或影响因素）。较多的变量或影响因素会增加研究问题的复杂性，在很多情况下，许多变量（因素）之间具有一定的相关性，也就是变量之间的信息有一定的重叠或重复，因此可以采取一定的方法减少变量而保留较多信息。

一、主成分分析原理与评价

主成分分析法（Principal Component Analysis, PCA）就是将重复的变量删去，用尽可能少的综合变量来代替原来的变量的方法。这些综合变量被称为主成分，主成分尽可能多地保留原来的信息。在分析复杂问题时，只要分析几个主成分就行了。

主成分分析的优点是：计算方法简单，易于实现。它的缺点是：各主成分含义有时具有一定的模糊性，不如原变量方便解释；另外，非主成分也可能含有重要信息，丢弃后可能对后续数据分析有影响。主成分分析在地理研究中有着广泛应用，如利用主成分确定专家打分的权重，利用主成分分析处理遥感图像，进行土壤养分评价、脆弱性评价、生态安全评价等。

二、主成分分析需要注意的问题

（1）目前 SPSS 软件中没有专门的主成分分析程序，要进行主成分分析需要借助 SPSS 因子分析中的主成分分析法，得到成分得分系数矩阵、成分得分矩阵等数据，间接建立主成分分析模型。

（2）在对变量进行主成分分析时，一定要分析变量的相关性。如果变量之间相关性很小，应用主成分分析法就不能取得很好的降维效果。因此在主成分分析时，要进行 KMO 和 Bartlett's 球状检验。KMO 检验用于检查变量之间的相关性和偏相关性，要求 KMO 值<0.5。Bartlett's 球状检验也是用于分析变量之间相关性的，要求 Sig.<0.05。不满足这两个条件，就不能进行主成分分析。

（3）特征根数值大小表示主成分能够表达原来所有信息的多少。主成分个数的确定标准是特征值方差累计贡献率达到 85% 以上，并且特征值≥1。

（4）成分得分矩阵值是主成分变量与原变量之间的相关系数，其绝对值大小能够反映出主成分与各变量之间的亲疏关系，成分得分矩阵值又称为因子载荷值。而成分得分系数矩阵才是各原始数据标准化值的系数。

三、主成分分析步骤

（1）根据研究目的，建立相关指标体系的原始数据矩阵。

（2）在 SPSS 中进行主成分分析，根据方差贡献率和特征值，确定主成分数量；同时获得特征值和成分得分系数矩阵。

（3）根据特征值和成分得分矩阵，计算主成分系数。在较高版本的 SPSS 软件中可以直接算出各主成分值。主成分系数计算公式：

$$u_{ij} = \frac{a_{ij}}{\sqrt{\lambda_j}} \tag{8.1}$$

式中，a_{ij} 是成分得分矩阵值（因子载荷值），λ_j 是各主成分特征值。

主成分计算公式：

$$\begin{cases} F_1 = u_{11}x_1 + u_{21}x_2 + \cdots + ul_1x_l \\ F_2 = u_{12}x_1 + u_{22}x_2 + \cdots + ul_2x_l \\ \vdots \\ F_m = u_{1m}x_1 + u_{2m}x_2 + \cdots + u_{lm}x_l \end{cases} \tag{8.2}$$

（4）确定主成分权重，根据各主成分值，计算综合值。主成分权重利用各主成分方差贡献率软件或者根据各主成分特征值除以各主成分特征值之和得到。主成分权重确定公式：

$$w_k = \frac{\lambda_k}{\sum_{j=1}^{p} \lambda_j} \tag{8.3}$$

综合值计算公式：

$$F = w_1 F_1 + w_2 F_2 + \cdots + w_m F_m \tag{8.4}$$

第二节　主成分分析在 SPSS 中实现方法

一、主成分分析数据准备

1. 原始数据准备

参考相关研究和数据的可得性，选取 7 个指标对山东省 9 个地市农业发展水平进行分析，x_1 表示农民人均可支配收入，单位为元；x_2 表示第一产业在生产总值的比重；x_3 表示各地区农业机械总动力数，单位为 kW；x_4 表示各地区有效灌溉面积，单位为 khm^2；x_5 表示粮食总产量，单位为 t；x_6 表示各区域化肥使用量，单位为 t；x_7 表示各地耕地面积，单位为 hm^2。相关数据见表 8.1。

表 8.1　山东省 9 个地市农业发展指标

区域	x_1/元	x_2	x_3/kW	x_4/khm^2	x_5/t	x_6/t	x_7/hm^2
济南市	14 232	5.0	5 849 766	256.14	2 645 545	224 619	359 725
青岛市	16 730	3.9	8 541 596	323.41	3 214 000	284 923	522 901
淄博市	14 531	3.5	3 707 893	129.17	1 460 000	97 074	209 785
枣庄市	12 038	7.6	3 604 876	170.73	1 680 000	210 639	236 918
东营市	13 887	3.4	2 632 468	186.48	998 370	119 354	222 983
烟台市	15 540	6.8	9 903 822	246.09	1 934 515	387 557	446 083
潍坊市	14 890	8.8	13 798 962	529.27	4 560 000	518 171	795 849
济宁市	12 570	11.3	11 176 604	470.64	4 553 000	420 427	607 820
泰安市	13 322	8.5	5 661 315	239.22	2 768 061	207 285	364 159

2. 原始数据标准化

在 SPSS 中，点选"分析—描述统计—描述"命令，在出现的描述性工具中，把要标准化的变量选入"变量"栏中，勾选左下角 z—score 标准化处理，即可得到结果，见表 8.2。

表 8.2 山东省 9 个地市农业发展指标标准化

区域	x_1	x_2	x_3	x_4	x_5	x_6	x_7
济南市	0.026 54	−0.554 20	−0.352 85	−0.201 50	−0.000 31	−0.352 14	−0.297 91
青岛市	1.741 02	−0.951 77	0.346 14	0.294 63	0.442 26	0.074 01	0.529 61
淄博市	0.231 75	−1.096 35	−0.909 03	−1.137 94	−0.923 32	−1.253 47	−1.058 30
枣庄市	−1.479 30	0.385 53	−0.935 78	−0.831 42	−0.752 04	−0.450 94	−0.920 70
东营市	−0.210 25	−1.132 49	−1.188 29	−0.715 26	−1.282 72	−1.096 03	−0.991 37
烟台市	0.924 27	0.096 38	0.699 88	−0.275 62	−0.553 88	0.799 30	0.140 04
潍坊市	0.478 15	0.819 25	1.711 34	1.812 91	1.490 19	1.722 32	1.913 81
济宁市	−1.114 16	1.722 83	1.030 38	1.380 49	1.484 74	1.031 58	0.960 26
泰安市	−0.598 03	0.710 82	−0.401 78	−0.326 29	0.095 07	−0.474 64	−0.275 42

二、SPSS 分析步骤

1. 操作方法

在菜单栏中点选"分析—降维—因子分析"命令，在"因子分析"对话框中把要分析变量选入"变量"栏中，在"描述"命令中选择 KMO 和 Bartlett's 球状检验；在"抽取"命令中"方法"处选择"主成分"，其他为默认值；在"旋转"命令中"方法"处选择"无"；在"得分"命令中选择"保存为变量"和"显示因子得分系数矩阵"；在选项命令中采用默认值即可(图 8.1)。

2. 结果分析

(1)主成分选取。

KMO 值为 0.668，Bartlett's 球状检验 Sig. ＝0，

满足主成分分析条件。根据主成分选取条件，前两个主成分累计贡献率达到 95.016%，特征＞1（见表 8.3），因此选择前两个主成分。

图 8.1　因子分析步骤

表 8.3　解释的总方差

成分	初始特征值			提取平方和载入		
	合计	方差/%	累积/%	合计	方差/%	累积/%
1	5.188	74.110	74.110	5.188	74.110	74.110
2	1.463	20.905	95.016	1.463	20.905	95.016
3	.240	3.434	98.449			
4	.082	1.176	99.625			
5	.014	.202	99.827			
6	.009	.123	99.950			
7	.004	.050	100.000			

（2）主成分系数确定和主成分命名。

成分得分系数矩阵就是经过公式计算的主成分系数矩阵（见表 8.4）；直接用两个主成分得分系数矩阵中的系数和原始数据标准化数据相乘并求和，即可得到两个主成分得分。

成分得分矩阵中的系数就是各变量和主成分的相关系数。根据第一主成分和 x_3、x_4、x_5、x_6、x_7 的关系，命名主成分 1 为农业发展投入因素。根据第二主成分和 x_1 的关系，命名主成分 2 为经济发展因素（见表 8.5）。

表 8.4　成分得分矩阵

变量	成分	
	1	2
x_1	.134	.981
x_2	.721	−.654
x_3	.968	.187
x_4	.971	.007
x_5	.942	−.070
x_6	.960	.047
x_7	.980	.176

表 8.5　成分得分系数矩阵

变量	成分	
	1	2
x_1	.026	.671
x_2	.139	−.447

变量	成分	
	1	2
x_3	.187	.128
x_4	.187	.005
x_5	.182	−.048
x_6	.185	.032
x_7	.189	.121

（3）主成分值计算。

主成分值可以利用成分得分系数矩阵和原始数据标准化值进行计算，或者根据在变量视图中自动生成的主成分值来计算，图 8.2 中黑色方框就是自动生成的主成分值。由于软件和手工计算方法略有差异，数据存在微小差别。在人工计算时主成分权重值为

主成分 1 权重　$w_1 = 5.188/(5.188+1.463) = 78\%$

主成分 2 权重　$w_2 = 1.463/(5.188+1.463) = 22\%$

主成分值和综合评价值的计算结果见表 8.6，表中数据的正数和负数分别表示高于和低于总体平均值，从表中可以看出潍坊市的农业发展水平最高，其次是济宁市、青岛市、烟台市，其余地市都低于平均发展水平。

x_1	x_2	x_3	x_4	x_5	x_6	x_7	FAC1_1	FAC2_1
14232.00	5.00	5849766.00	256.14	2645545.00	224619.00	359725.00	−0.30140	0.17202
16730.00	3.90	8541596.00	323.41	3214000.00	284923.00	522901.00	0.22644	1.68328
14531.00	3.50	3707893.00	129.17	1460000.00	97074.00	209785.00	−1.12859	0.39962
12038.00	7.60	3604876.00	170.73	1680000.00	210639.00	236918.00	−0.70881	−1.37727
13887.00	3.40	2632468.00	186.48	998370.00	119354.00	222983.00	−1.14157	0.11627
15540.00	6.80	9903822.00	246.09	1934510.00	387557.00	446083.00	0.19000	0.73387
14890.00	8.80	13798962.00	529.27	4560000.00	518171.00	795849.00	1.73577	0.39704
12570.00	11.30	11176604.00	470.64	4553000.00	420427.00	607820.00	1.30340	−1.30035
13322.00	8.50	5661315.00	239.22	2768061.00	207285.00	364159.00	−0.17524	−0.82449

图 8.2　原始数据和自动生产主成分值

表8.6 某省9个地市农业发展综合评价值

区域	F_1	F_2	F
济南市	$-0.301\,51$	$0.172\,063$	$-0.197\,33$
青岛市	$0.227\,074$	$1.684\,667$	$0.547\,744$
淄博市	$-1.129\,11$	$0.399\,681$	$-0.792\,77$
枣庄市	$-0.709\,65$	$-1.378\,62$	$-0.856\,82$
东营市	$-1.142\,44$	$0.116\,01$	$-0.865\,58$
烟台市	$0.190\,296$	$0.734\,419$	$0.310\,003$
潍坊市	$1.736\,896$	$0.397\,906$	$1.442\,318$
济宁市	$1.303\,892$	$-1.300\,98$	$0.730\,82$
泰安市	$-0.175\,45$	$-0.825\,15$	$-0.318\,39$

第九章 事件发生概率预测

第一节 马尔科夫预测原理

一、概述

马尔科夫预测法是对事件未来发生概率的研究方法，因俄国著名的数学家马尔科夫（Markov）而得名。地理学中许多现象具有马尔科夫链特征，因此可以用马尔科夫预测法研究这些现象。目前马尔科夫预测法广泛应用于降水量预测、空气污染预测、土地利用变化、自然灾害研究等方面。

二、常用术语

在应用马尔科夫预测的过程中，有些专业术语必须弄明白，下面是常用的一些术语。

1. 状态和状态转移过程

所谓状态，就是指某一时间、某一现象所表现的结果。如天气中的阴和晴是两种状态，旅游区游客人数有淡季、旺季两种状态，世界不同国家有发达国家、发展中国家等状态，粮食生产有丰收、歉收、平收三种状态等。

某些现象由一种状态转化为另一种状态的过程，就是状态转移过程。如周一是阴天，周二变成了晴天，就是一种状态转移；由发展中国家发展成发达国家也是状态转移。状态转移过程可以是一次转移，也可以发生多次转移。

2. 状态概率和状态转移概率矩阵

某种现象在某一时间表现出某种结果的可能性，称为状态概率。如天气预报中所说的降水概率就是一种状态概率。

假如某一事件(要素)发展过程中存在多种状态，那么这些状态之间的转换概率所构成的矩阵，就称为状态转移概率矩阵。如某一地区有 1 000 家企业，去年有 700 家处于盈利状态，300 家处于亏损状态。在今年，盈利的 700 家企业有 70%仍然盈利，30%变为亏损；去年处于亏损状态的 300 家企业，有 40%盈利了，有 60%仍然处于亏损状态。这些 30%、70%、40%、60%就是状态概率。它们所构成的矩阵就是状态转移概率矩阵，矩阵如下：

$$P = \begin{bmatrix} 70\% & 30\% \\ 40\% & 60\% \end{bmatrix}$$

3. 无后效性

所谓无后效性，是指事件的未来发展只与目前状态有关，与过去的状态无关。那些未来结果不仅与目前状态相关，还与过去状态相关的事件就是非马尔科夫过程，就不能使用马尔科夫预测法。

4. 马尔科夫链

在事件发展过程中，状态由过去发展到现在，又由现在发展到未来，像自行车的链条一样，一环扣一环，互相关联，因此这种过程称为马尔科夫链。

5. 马尔科夫过程的稳定性

在事件不断进行状态变化时，状态转移概率始终不变，这种过程称为马尔科夫过程的稳定性。这是应用马尔科夫预测的最重要原则。

三、预测步骤

在满足马尔科夫过程的稳定性和无后效性的基础上，应用马尔科夫法进行预测时，必须做以下步骤：

(1)确定事件状态，要根据惯例或者划定分类标准，对事件状态进行分类。

(2)根据不同时间状态，计算状态转移概率和状态转移概率矩阵。

(3)根据马尔科夫预测公式进行预测。

四、公式推导

根据马尔科夫预测理论，可以建立以下递推公式：

$$\begin{cases} \pi_{(1)} = \pi_{(0)} \times P \\ \pi_{(2)} = \pi_{(1)} \times P = \pi_{(0)} \times P \times P = \pi_{(0)} \times P^2 \\ \pi_{(3)} = \pi_{(2)} \times P = \pi_{(0)} \times P^2 \times P = \pi_{(0)} \times P^3 \\ \vdots \\ \pi_{(n)} = \pi_{(n-1)} \times P = \pi_{(0)} \times P^n \end{cases}$$

式中，$\pi_{(1)}$、$\pi_{(2)}$、$\cdots$、$\pi_{(n)}$为事件不同状态，P为状态转移概率矩阵。由此可以看出未来的状态概率就是初始状态乘以状态转移概率矩阵的n次方，例如求未来的状态概率就是初始状态乘以状态转移概率矩阵的 5 次方。

第二节　马尔科夫计算方法

一、矩阵计算方法

1. Excel 矩阵计算方法

（1）先在 Excel 中输入矩阵，方法就是在单元格中输入相应的数字即可，两个矩阵计算就输入两个相应行列的数据，输入方法如图9.1所示。矩阵形式必须符合矩阵运算的规则，即第一个矩阵的列数必须等于第二个矩阵的行数。

	A	B	C	D	E	F	G	H
1								
2								
3								
4	1	2	4			1	2	
5	3	4	5			3	4	
6						5	6	
7								
8								
9								

图 9.1　矩阵输入方法示例

（2）估算矩阵答案的行列数量，在 Excel 中选择相应的空单元格。矩阵答案的行列数量取决于第一个矩阵的行数和第二个矩阵的列数，如两行三列的矩阵和三行两列的矩阵相乘，所得矩阵的行数是两行，列数是两列。

（3）点选 Excel 自带函数中 MMULT 命令，选择参与计算的矩阵，在最后需要同时按 Ctrl＋Shift 键，接着按 Enter 键，答案就会出现。如果直接单击确定键，只出现一个数值(图9.2)。

图 9.2　Excel 矩阵计算方法

2. Matlab 矩阵计算方法

在 Matlab 中矩阵计算比较简单，首先命名两个矩阵，并输入数据；直接用两个矩阵的名字相乘即可。如命名矩阵[1，2，4；3，4，5]为 a，命名矩阵[1，2；3，4；5，6]为 b，在 Matlab 命令窗口中直接相乘就可以得到答案，具体内容如图 9.3 所示。

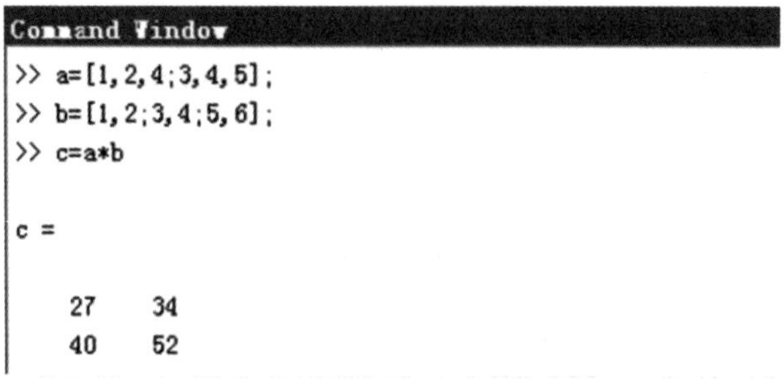

```
Command Window
>> a=[1,2,4;3,4,5];
>> b=[1,2;3,4;5,6];
>> c=a*b

c =

    27    34
    40    52
```

图 9.3　Matlab 矩阵计算方法

二、预测事例与过程

假设某地有 1 000 户居民，有甲、乙、丙三家工厂在此地销售洗衣粉。经调查，去年买甲、乙、丙三家洗衣粉户数分别是 500 户、300 户、200 户。在今年，原来买甲厂洗衣粉的用户中有 100 户转买乙厂洗衣粉，有 50 户转买丙厂洗衣粉；原来买乙厂洗衣粉的用户中 30 户转买甲厂洗衣粉，有 15 户转买丙厂洗衣粉；原来买丙厂产品的用户中有 60 户买甲厂产品，有 40 户转买乙厂洗衣粉。试求：

(1)甲、乙、丙三家工厂去年的市场占有份额。

(2)甲、乙、丙三家工厂洗衣粉用户的转化概率矩阵。

(3)预测两年后三家工厂的市场销售份额。

计算过程如下：

(1)甲、乙、丙三家工厂去年的市场占有份额为 [0.5，0.3，0.2]；

(2)甲、乙、丙三家工厂洗衣粉用户的转化概率：

甲厂 500 户：甲→甲350 户概率为 350/500＝0.7

甲→乙100 户概率为 100/500＝0.2

甲→丙50 户 概率为 50/500＝0.1

乙厂 300 户：乙→乙255 户概率为 255/300＝0.85

乙→甲30 户 概率为 30/300＝0.1

乙→丙15 户 概率为 15/300＝0.05

丙厂 200 户：丙→丙100 户概率为 100/200＝0.5

丙→甲60 户 概率为 60/200＝0.3

丙→乙40 户 概率为 40/200＝0.2

转化概率矩阵：

$$P = \begin{bmatrix} 0.70 & 0.20 & 0.10 \\ 0.85 & 0.10 & 0.05 \\ 0.50 & 0.30 & 0.20 \end{bmatrix}$$

(3)两年后三家工厂的市场销售份额:

$$\pi(3) = (0.5,\ 0.3,\ 0.2) \times P^3$$

$$= (0.708\ 5,\ 0.190\ 9,\ 0.100\ 5)$$

由于四舍五入,两年后份额不是100%。

第三节　稳定状态概率预测

一、稳定状态概率概述

稳定状态概率(又称为极限状态概率)是指事件经过无穷次状态转移后的状态概率。当事件状态概率达到稳定后,即使时间变化,概率依然不变。例如某事件中数量为n人,用1表示健康状态,2表示生病状态,3表示死亡,圆圈中的数字代表状态,圆圈外的数字表示自身状态,箭头表示转换方向和箭头上的数字表示转换概率,三种状态之间的转换概率和转换概率矩阵如下:

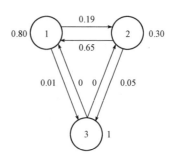

$$\boldsymbol{P}=\begin{bmatrix} 0.80 & 0.19 & 0.01 \\ 0.65 & 0.30 & 0.05 \\ 0 & 0 & 1 \end{bmatrix}$$

此次事件中这群人经过多次转换后,状态将达到稳定,即(0,0,1)状态,就是全部都死亡了。即使时间再延长,状态仍然是(0,0,1)。由此可以推算出稳定状态概率矩阵公式

$$\pi = \pi \times \boldsymbol{P}$$

二、稳定状态概率计算

稳定状态概率计算需要用到矩阵计算,用 Matlab 软件计算比较方便。例如三家工厂的某种产品转换概率矩阵如下:

$$\boldsymbol{P}=\begin{bmatrix} 0.70 & 0.10 & 0.20 \\ 0.10 & 0.80 & 0.10 \\ 0.05 & 0.05 & 0.90 \end{bmatrix}$$

设三家工厂的稳定状态概率为 x,y,z,则稳定状态概率计算公式为

$$(x,\ y,\ z)=(x,\ y,\ z)\times \begin{bmatrix} 0.70 & 0.10 & 0.20 \\ 0.10 & 0.80 & 0.10 \\ 0.05 & 0.05 & 0.90 \end{bmatrix}$$

在 Matlab 软件命令窗口中输入命令如下:

```
>> syms x y z;
>> [x, y, z]=solve('x=0.7*x+0.1*y+0.05*z','y=0.1*x+0.8*y+0.05*z','z=0.2*x+0.1*y+0.9*z','x+y+z=1')
```

即可获得答案为 $x=0.176\ 5$,$y=0.235\ 3$,$z=0.588\ 2$

第十章 层次分析法

在地理研究中，经常会碰到多指标评价和多目标决策问题，这就需要借助运筹学等学科知识来解决问题，其中最常用的就是层次分析法。该方法由美国运筹学家匹茨堡大学教授萨蒂于 20 世纪 70 年代初提出。

第一节 层次分析法基本原理与步骤

层次分析法（AHP）是一种定性与定量分析相结合的综合性评价方法与决策方法。它在环境风险评价、环境质量评价、经济决策、旅游评价等方面广泛应用。层次分析法的优点是：简单有效，一般文化程度的人都可以理解其基本原理和计算方法；不足之处有两个方面：①只能从原有的方案中选择，不能生产新的方案；②在分析过程中，主观因素对决策过程影响较大，尤其是构造判断矩阵时，专家的主观因素对权重值影响较大。

一、层次分析法基本步骤

1. 明确问题，找出各要素之间的关系

知道所要达到的目标以及达到目标的影响要素，并

对各影响要素之间存在的关系进行分析。例如有的要素之间有联系，有的要素之间没有联系。

2. 建立层次结构模型

将要分析问题的影响因素进行分组，根据它们之间的关系分为目标层、准则层和措施层。目标层是某问题所要达到的目标，只有一个因素；准则层是达到目标的备选方案，可以有一层或数层，一般情况下为一层或两层，层数太多分析起来比较复杂；措施层是达到目标的措施。准则层和措施层每层所含因素一般不要超过9个，因为每层的元素过多会给两两比较判断带来困难。其中准则层和次准则层、准则层和措施层之间上层元素可以和下层所有元素都有关系，也可以只与部分元素有关系。

3. 构造判断矩阵

构造判断矩阵即对准则层和措施层的要素，进行主观赋值。为了更加科学合理，要请熟悉该研究问题的专家、学者进行打分。打分的方法是对各要素进行两两比较，赋值原则见表10.1，对于各专家、学者所打分数，可以采用几何平均法等进行处理，最后得到一个分数值，方便进行下一步权重计算。

表 10.1　构造判断矩阵赋值方法

分数值	含义
1	两个要素同样重要
3	一个要素比另一个要素稍微重要
5	一个要素比另一个要素明显重要
7	一个要素比另一个要素强烈重要
9	一个要素比另一个要素极端重要

分数值	含义
2，4，6，8	两个要素相比，重要性在上述值中间
1/3、1/5、1/2、1/4 等	一个要素比另一个要素作用弱

4. 各要素权重计算和检验

（1）层次单排序和检验方法。

层次单排序就是确定准则层或措施层元素的权重值，计算方法常用的有和积法、方根法。

1）和积法计算步骤：

①将构造好的判断矩阵按列归一化，即按列先求总和，再用一列中的每个值除以总和值。

$$\overline{b_{ij}} = b_{ij} / \sum_{i=1}^{n} b_{nj} \qquad (10.1)$$

式中，b_{ij} 为判断矩阵中的数值，i 为矩阵的行，j 为矩阵的列，n 为同一列中数值个数。

②将按列归一化的数值再按行求和。

$$\overline{w_i} = \sum_{j=1}^{k} \overline{b_{ij}} \qquad (10.2)$$

③先将按行求和值进行归一化，即将按行计算的每一行总和值，再次按列进行求和；然后用每行的总和值除以其按列计算的总值。所得数值就是该要素的权重值，也是该元素的特征向量。计算出特征向量后需要进行矩阵转置，以便计算最大特征根。

$$w_i = \overline{w_i} / \sum_{k=1}^{n} \overline{w_k} \qquad (10.3)$$

$$w = (w_i)^T \qquad (10.4)$$

④计算最大特征根：

$$\lambda_{\max} = \frac{1}{n} \sum_{i=1}^{n} \frac{(A \times w)_i}{w_i} \qquad (10.5)$$

式中，n 为构造的判断矩阵，w 为第三步计算权重值转置后的数值，n 为权重值个数。

⑤完全一致性指标检验：

$$CI = \frac{\lambda_{\max} - n}{n - 1} \qquad (10.6)$$

式中，n 为权重个数；CI 不为负值。当 $CI = 0$ 时，判断矩阵具有完全一致性；如果 $CI \neq 0$，CI 越大，矩阵的一致性就越差。一致性指标检验评价人们对客观事物判断估计的合理性与一致性，避免出现 $A > B$，$B > C$，然后又出现 $C \geqslant A$ 的情况。

⑥满意一致性检验：

将 CI 与 RI 值进行比较，当 $CR = \dfrac{CI}{RI} < 0.1$ 时，

矩阵具有满意的一致性；否则，当 $CR = \dfrac{CI}{RI} \geqslant 0.1$ 时，

就有必要对判断矩阵中的数值进行修改，达到满意为止。式中，RI 值不需要计算，根据平均随机一致性指标表格中提供的数据来选择。平均随机一致性指标见表 10.2，表格中的阶数就是准则层、措施层每一层所包含要素的个数。例如当措施层包含 3 个要素时，RI 值就是 0.58。

表 10.2　平均随机一致性指标

阶数	1	2	3	4	5	6	7	8	9
RI	0	0	0.58	0.90	1.12	1.24	1.32	1.41	1.45
阶数	10	11	12	13	14	15			
RI	1.49	1.52	1.54	1.56	1.58	1.59			

2)方根法计算步骤：

①计算构造矩阵中每一行元素的乘积：

$$M_i = \prod_{j=1}^{n} b_{ij} \qquad (10.7)$$

②将 M_i 开 n 次方根，n 为每行元素的个数：

$$\overline{w_i} = \sqrt[n]{M_i} \qquad (10.8)$$

③将 $\overline{w_i}$ 归一化，即②的计算结果按列相加求和，然后每个 $\overline{w_i}$ 除以总和。同理也需要进行矩阵转置。

$$w_i = \overline{w_i} / \sum_{k=1}^{n} \overline{w_k} \qquad (10.9)$$

$$w = (w_i)^T \qquad (10.10)$$

后面的计算最大特征根、一致性检验步骤与和积法完全相同，在此不再赘述。

(2)层次总排序和检验方法。

层次单排序是确定每个准则层、措施层所含要素在同一层中的权重值。层次总排序是从目标层角度出发对准则层和措施层权重进行再次排序，即计算准则层、措施层的权重值在整个系统中的权重值。最后还要从整体角度出发进行一致性检验。

把前面层次单排序的权重值和 CI 与 RI 值汇总到表 10.3 中，表格中的层次总排序值就是措施层(层次 B)在整个分析体系中的权重值；整个体系的 CI 值就是层次 B 各 CI 和它对应的准则层(层次 A)的权重值乘积之和；整个体系的 RI 值就是层次 B 各 RI 和它对应的准则层(层次 A)的权重值乘积之和。

表 10.3　层次总排序

层次 A \ 层次 B	$A_1 \quad A_2 \cdots A_m$ $a_1 \quad a_2 \cdots a_m$	B 层次总排序	CI	RI
B_1	$b_1^1 \quad b_1^2 \cdots b_1^m$	$\sum_{j=1}^{m} a_1 b_1^j$	$a_1 \times CI_{B_1}$	RI_{B_1}

续表

层次 A 层次 B	A_1 $A_2 \cdots A_m$ a_1 $a_2 \cdots a_m$	B 层次总排序	CI	RI
B_2	b_2^1 $b_2^2 \cdots b_2^m$	$\sum\limits_{j=1}^{m} a_2 b_2^j$	$a_2 \times CI_{B_2}$	RI_{B_2}
$\vdots$	$\vdots$	$\vdots$	$\vdots$	$\vdots$
B_n	b_n^1 $b_n^2 \cdots b_n^m$	$\sum\limits_{j=1}^{m} a_j b_m^j$	$a_m \times CI_{B_n}$	RI_{B_n}

层次总排序公式：

$$CR = \frac{CI}{RI} \qquad (10.11)$$

同样要求 $CR = \dfrac{CI}{RI} < 0.1$，整个分析体系才达到满意一致性。

第二节　层次分析法计算方法

一、层次分析法计算实例演示

1. 明确问题，并建立层次结构图

以某地区农业发展水平为例，选择自然条件、生态条件和社会经济条件 3 个要素构成准则层，自然条件包含 3 个要素，生态条件包含 5 个要素，社会经济条件包含 7 个要素，这 15 个要素构成措施层，由于要素较多，不好展开，措施层要素进行略写(图 10.1)。

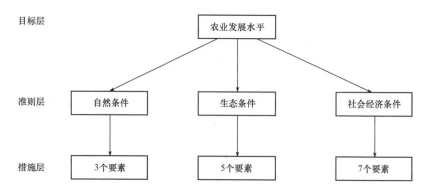

图 10.1　层次结构图

2. 构造判断矩阵

依据专家、学者打分法，确定准则层和措施层各要素比值。

(1)准则层判断矩阵见表 10.4。

表 10.4　准则层判断矩阵

要素	A	B	C
A	1	2	3
B	1/2	1	2
C	1/3	1/2	1

(2)自然条件判断矩阵、生态条件判断矩阵、社会经济条件判断矩阵分别见表 10.5、表 10.6、表 10.7。

表 10.5　自然条件判断矩阵

要素	A_1	A_2	A_3
A_1	1	1/5	1/3
A_2	5	1	3
A_3	3	1/3	1

表 10.6　生态条件判断矩阵

要素	B_1	B_2	B_3	B_4	B_5
B_1	1	1/3	2	3	3
B_2	3	1	2	3	3
B_3	1/2	1/2	1	1	1
B_4	1/3	1/3	1	1	1
B_5	1/3	1/3	1	1	1

表 10.7　社会经济条件判断矩阵

要素	C_1	C_2	C_3	C_4	C_5	C_6	C_7
C_1	1	2	1	1	1/5	1/3	1
C_2	1/2	1	1/2	1	1/3	1	1
C_3	1	2	1	1	1/3	2	1
C_4	1	1	1	1	1/4	1	2
C_5	5	3	3	4	1	1	2
C_6	3	1	1/2	1	1	1	1
C_7	1	1	1	1/2	1/2	1	1

3. 各要素权重计算和检验

(1)层次单排序和检验方法。

根据准则层判断矩阵数据，以和积法为例，计算 3 个指标的权重值。

①先按列计算原始数据之和，然后进行归一化。3 列数据分别加和后的数据为 1.833、3.500、6.000，原始数据分别除以各列之和，结果见表 10.8。

表 10.8　准则层数据归一化

要素	A	B	C
A	0.546	0.571	0.500
B	0.273	0.286	0.333
C	0.182	0.143	0.167

②将归一化后的数据按行求和。将 1.617、0.892、0.492 进行加和，详细数据见表 10.9。

表 10.9　准则层归一化值求和

要素	A	B	C	总和
A	0.546	0.571	0.500	1.617
B	0.273	0.286	0.333	0.892
C	0.182	0.143	0.167	0.492

③计算权重(特征向量)。将横行求和值再次进行归一化，计算权重值，相关数据见表 10.10。

表 10.10　权重值计算结果

要素	A	B	C	总和	权重
A	0.546	0.571	0.500	1.617	0.539
B	0.273	0.286	0.333	0.892	0.297
C	0.182	0.143	0.167	0.492	0.164

④计算最大特征根。令准则层判断矩阵为 A，权重值为 W，令 A 与 W 转置矩阵相乘。如果利用 Excel 进

行矩阵运算，需要把 W 值转换成一行三列，在 Excel 中选择一行三列空格来计算，具体操作如图 10.2 所示。

如果利用 Matlab 计算，可以采用矩阵转置命令，或者直接写成一行三列，操作过程如图 10.3 所示。

$$A=\begin{bmatrix}1 & 2 & 3\\ 1/2 & 1 & 2\\ 1/3 & 1/2 & 1\end{bmatrix}\quad W=[0.539，0.297，0.164]$$

结果是 $[1.625，0.895，0.492]$

$$\lambda_{\max}=\frac{1}{3}\left(\frac{1.625}{0.539}+\frac{0.895}{0.297}+\frac{0.492}{0.164}\right)=3.009$$

图 10.2　Excel 计算方法

⑤完全一致性指标检验：

$$CI=\frac{\lambda_{\max-n}}{n-1}=(3.009-3)/(3-1)=0.009/2=0.004\ 5$$

```
Command Window
>> a=[0.539,0.297,0.164];
>> b=a'

b =

    0.5390
    0.2970
    0.1640

>> c=[1,2,3;0.5,1,2;0.3333,0.5,1];
>> c*b

ans =

    1.6250
    0.8945
    0.4921
```

图 10.3　Matlab 计算方法

⑥满意一致性检验：

$$CR = \frac{CI}{RI} = 0.0045/0.58 = 0.007$$

同理计算出 3 个措施层权重值、CI、CR，相关数据见表 10.11，3 个措施层都达到满意一致性。

表 10.11　3 个措施层相关数据

要素	权重值							CI	CR
A	0.105	0.637	0.258					0.019	0.033
B	0.251	0.390	0.133	0.113	0.113			0.044	0.039
C	0.099	0.092	0.137	0.119	0.305	0.139	0.108	0.092	0.070

(2)层次总排序和检验方法。

将前面计算的权重和 CI 值，及查表所得 RI 值列表，见表 10.12。

表 10.12　全部权重值和 *CI*、*RI* 值

要素	权重值							*CI*	*RI*
准则层	0.539	0.297	0.164						
A	0.105	0.637	0.258					0.019	0.580
B	0.251	0.390	0.133	0.113	0.113			0.044	1.120
C	0.099	0.092	0.137	0.119	0.305	0.139	0.108	0.092	1.320

分别用 0.539 和 *A* 行权重值、*CI*、*RI* 相乘，然后用 0.297、0.164 分别和 *B* 行、*C* 行数据相乘，得到各措施层在整个评价体系中的权重，并计算出整个层次的 *CR*，相关数据见表 10.13。

表 10.13　系统权重值和 *CI*、*RI* 值

要素	权重值							*CI*	*RI*
A	0.057	0.343	0.139					0.010	0.313
B	0.075	0.116	0.040	0.034	0.034			0.013	0.333
C	0.016	0.015	0.022	0.020	0.050	0.023	0.018	0.015	0.216

CR ＝ 0.045，达到满意一致性。

二、常用层次分析法软件使用方法

利用网上可以下载的层次分析法软件，可以很方便地计算指标权重和一致性检验。这里采用天津大学管理学院郭均鹏研发的层次分析法软件进行功能演示。该软件在建立层次结构时算层次数量不能仅计算准则层和措施层，还要包括目标层。分别在准则层和措施层输入指标数量后，就会显示图 10.4 所示的状态。

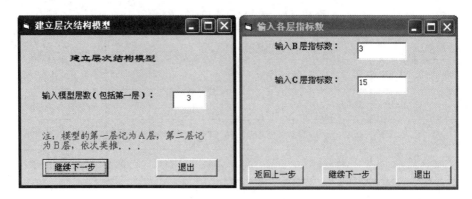

图 10.4　层次结构模型参数输入

分别在每层有关联要素处单击选中(图 10.5),单击继续下一步,首先将出现措施层和目标层之间权重计算和一致性检验,然后是目标层中各指标权重计算和一致性检验,最后进行层次总排序和一致性检验。如果一致性检验达不到满意,需要修改指标重新进行计算。

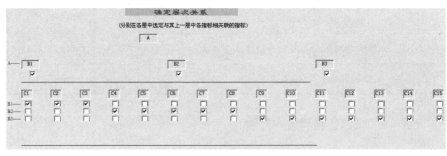

图 10.5　相关要素关联选择

计算时只需在相应的矩阵中输入专家打分值,单击"计算最大特征值对应的特征向量"(即权重值);单击"计算最大特征值";单击"一致性检验"。到达一致性后可以单击"继续下一步"。重复上述步骤即可完成整个计算过程,使用起来非常方便。图 10.6 显示的是目标层计算过程。

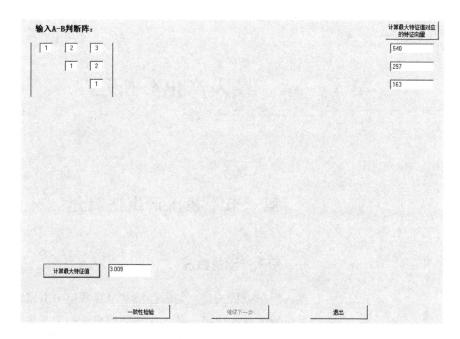

图 10.6　目标层计算过程

第十一章　投入产出分析法

第一节　投入产出法简介

一、投入产出法概况

投入产出分析法是由美国经济学家瓦西里·里昂惕夫于 20 世纪 30 年代提出的，主要利用投入产出表来研究经济系统中各产业间"投入"与"产出"的数量平衡关系，是进行经济分析和预测，制订经济发展计划、政策的有效工具。投入产出法最初在美国得到应用，此后以其良好的应用价值受到世界各国的重视。中国于 20 世纪 60 年代初开始研究投入产出法，20 世纪 70 年代开始编制投入产出表。每 5 年进行一次全国投入产出调查，编制投入产出表，即逢 2、逢 7 年度开展大规模投入产出调查，编制投入产出基本表。除国家层面上编制投入产出表外，我国各省区也进行了区域投入产出表编制。中国还有专门研究投入产出法的学术机构，如中国投入产出学会，该学会成立于 1987 年，由中国人民大学、中国科学院系统科学研究所、国家统计局三个单位联合发起。目前投入产出法在企业生产、环境治理、生态评价、产业结构分析等研究中被大量使用。

二、投入产出表

投入产出表是投入产出分析的重要依据，是反映一定时期各部门间相互联系和平衡比例关系的表。表格可以分为四个部分，分别称为第Ⅰ、Ⅱ、Ⅲ、Ⅳ四个象限，见图11.1。第Ⅰ象限位于左上方，由若干产业部门纵横交叉形成，反映部门间的生产技术联系，是投入产出表的核心。这一部分的行数据表示产品的销售和服务数量，即所谓"产出"部分；列数据表示产品生产时的消耗和来源部分，即所谓"投入"部分。第Ⅱ象限反映各部门产品的最终使用，包括资本投入、消费、出口三部分数据。第Ⅲ象限反映国民收入的初次分配。第Ⅳ象限反映国民收入的再分配，因其内容复杂、使用较少而常被省略。投入产出表根据不同的计量单位，分为实物表和价值表，现在多为价值表。

产出／投入	中间使用			最终产品	总产值
	部门1　部门2　…　部门n　小计				
物质消耗	部门1 部门2 ⋮ 部门n 小计			第Ⅰ象限	第Ⅱ象限
新创造价值	劳动报酬 纯收入 小计			第Ⅲ象限	第Ⅳ象限

图 11.1　投入产出表

第二节　投入产出常用系数和计算方法

投入产出分析中最常用的系数有直接消耗系数、完全消耗系数、完全需求系数、感应度系数、影响力系数等。表 11.1 是简化的投入产出表，下面将利用表中的数据对上述 5 个系数进行计算。

表 11.1　某区域投入产出简表　　　　　　　　亿元

项目	第一产业	第二产业	第三产业	小计	最终使用	进口	其他	总产出
第一产业	12 320	48 322	4 606	65 248	28 667	5 118	622	99 655
第二产业	20 257	652 688	88 340	761 285	407 835	104 592	1 543	1 275 255
第三产业	4 484	119 043	114 762	238 289	220 270	10 502	70	469 131
增加值								
总投入	99 655	1 275 255	469 131					

一、直接消耗系数

直接消耗系数是指某一产业部门在生产经营过程中单位总产出直接消耗的各产品部门的产品或服务的数量。直接消耗系数是投入产出分析中最为重要的基本概念，它反映了在一定的技术水平条件下部门之间的技术经济联系。因此直接消耗系数又称为技术系数、投入系数、投入产出系数。直接消耗系数计算公式：

$$a_{ij} = \frac{x_{ij}}{x_j} \tag{11.1}$$

式中，i 为投入产业的横行，j 为投入产出的纵列，x_{ij} 为 j 产业消耗的 x_i 产业的产品或服务数量，x_j 为 j 产业生产过程中的总消耗。直接消耗系数在 $[0, 1]$，a_{ij}

越大，说明 j 部门对 i 部门的产品直接依赖性越强；反之，j 部门对 i 部门的产品直接依赖性越弱。如果等于 0，说明两个部门没有直接依赖关系。根据表 11.1，计算直接消耗系数见表 11.2。直接消耗系数表明：第一产业每生产 1 个单位的总产出，需要消耗第一产业 0.123 6 单位的产品，消耗第二产业 0.203 3 单位的产品，消耗第三产业 0.045 0 单位的产品；第二产业每生产 1 个单位的总产出，需要消耗第一产业 0.037 9 单位的产品，消耗第二产业 0.511 8 单位的产品，消耗第三产业 0.093 3 单位的产品；第三产业每生产 1 个单位的总产出，需要消耗第一产业 0.009 8 单位的产品，消耗第二产业 0.188 3 单位的产品，消耗第三产业 0.244 6 单位的产品。

表 11.2　直接消耗系数

项目	第一产业	第二产业	第三产业
第一产业	0.123 6	0.037 9	0.009 8
第二产业	0.203 3	0.511 8	0.188 3
第三产业	0.045 0	0.093 3	0.244 6

二、完全消耗系数

各部门在进行生产时除了直接消耗外，还要间接消耗一些产品。例如，钢铁企业在生产钢材时需要直接消耗电力、生铁、耐火材料等，而在生产生铁、耐火材料时也要消耗电力。某一产业部门的直接消耗系数和间接消耗系数之和就是完全消耗系数，它能更全面地反映各部门之间相互依存的数量关系。

完全消耗系数计算公式如下：

$$B=(I-A)^{-1}-I \qquad (11.2)$$

$$B=A\times(I-A)^{-1} \qquad (11.3)$$

式(11.2)和式(11.3)二者计算结果一样，计算时二者可选其一。在 Excel 中需要自己写出单位矩阵，单位矩阵和直接消耗系数矩阵行列相等，对角线全部为 1。矩阵相减时，直接进行矩阵对应元素相减，求逆矩阵是利用 Excel 中的 MINVERSE 命令。在 Excel 中计算完全消耗系数有些麻烦，不如在 Matlab 中简捷，Matlab 矩阵相减就和平时的减法一样，求逆矩阵可以利用 inv($I-A$) 命令或者($I-A$)^(-1)。

在直接消耗系数的基础上计算某一区域完全消耗系数见表 11.3。完全消耗系数表明：第一产业每生产 1 个单位产品需要完全消耗第一产业 0.165 8 单位产品，完全消耗第二产业 0.537 9 单位产品，完全消耗第三产业 0.135 9 单位产品；第二产业每生产 1 个单位产品需要完全消耗第一产业 0.098 1 单位产品，完全消耗第二产业 1.196 0 单位产品，完全消耗第三产业 0.277 1 单位产品；第三产业每生产 1 个单位产品需要完全消耗第一产业 0.039 6 单位产品，完全消耗第二产业 0.554 4 单位产品，完全消耗第三产业 0.394 6 单位产品。需要说明的是，完全消耗系数的准确性和投入产出表的详细程度有很大关系，当投入产出表比较简单时，完全消耗系数就比较粗略。

表 11.3　完全消耗系数

项目	第一产业	第二产业	第三产业
第一产业	0.165 8	0.098 1	0.039 6
第二产业	0.537 9	1.196 0	0.554 4
第三产业	0.135 9	0.277 1	0.394 6

三、完全需求系数

完全需求系数计算公式如下：

$$\overline{B} = (I-A)^{-1} \qquad (11.4)$$

式(11.4)右边实际是里昂惕夫逆矩阵。计算的完全需求系数见表 11.4。完全需求系数表明：要满足第一产业获得 1 个单位最终产品，第一产业需要生产 1.165 8 单位产品，第二产业需要生产 0.537 9 单位产品，第三产业需要生产 0.135 9 单位产品；第二产业要获得 1 个单位最终产品，第一产业需要生产 0.098 1 单位产品，第二产业需要生产 2.196 0 单位产品，第三产业需要生产 0.277 1 单位产品；第三产业要获得 1 个单位最终产品，第一产业需要生产 0.039 6 单位产品，第二产业需要生产 0.554 4 单位产品，第三产业需要生产 1.394 6 单位产品。

表 11.4　完全需求系数

项目	第一产业	第二产业	第三产业
第一产业	1.165 8	0.098 1	0.039 6
第二产业	0.537 9	2.196 0	0.554 4
第三产业	0.135 9	0.277 1	1.394 6

四、感应度系数

感应度系数是指国民经济各部门每增加一个单位最终使用时，某一部门由此而受到的需求感应程度，也就是需要该部门为其他部门生产而提供的产出量。感应度系数大，说明该部门对经济发展的需求感应程度强，反之，则说明该部门对经济发展的需求感应程度弱。感应度系数＞1，说明该产业对国民经济的推动作用位于全部产业的推动作用平均水平之上。感应度系数＜1，说明该产业对国民经济的推动作用位于全部产业的推动作用平均水平之下。感应度系数＝1，说明该产业对国民经济的推动作用是全部产业的推动作用平均水平。

感应度系数计算公式如下：

$$某产业感应度 = \frac{逆矩阵横行系数平均值}{全部产业横行系数平均值的平均值}$$

即

$$S_i = \frac{\dfrac{1}{n}\sum_{j=1}^{n}\bar{b}_{ij}}{\dfrac{1}{n^2}\sum_{i=1}^{n}\sum_{j=1}^{n}\bar{b}_i} \quad (i,j=1,2,\cdots,n) \quad (11.5)$$

利用里昂惕夫逆矩阵计算三个产业的感应度系数分别是 0.203 7、0.513 8、0.282 5，系数表明国民经济各部门每增加一个单位最终使用时，第二产业产生感应度最强(0.513 8)，第三产业次强(0.282 5)，第一产业产生感应度最弱(0.203 7)。

当然也有学者认为，感应度系数计算时用行向相加没有任何经济意义或不具有可加性，由此计算出来的感应度数值也不能确切地表明某部门的推动作用。

五、影响力系数

影响力系数是指国民经济某一个产品部门增加一个单位最终产品时，对国民经济各部门所产生的生产需求波及程度。影响力系数越大，该部门对其他部门的拉动作用也越大。感应度系数和影响力系数的区别在于，感应度系数是其他产业变化后对本产业的影响程度，而影响力系数是本身变化对其他产业的影响程度。影响力系数＞1，说明该产业对国民经济的拉动作用位于全部产

业的拉动作用平均水平之上。影响力系数<1，说明该
产业对国民经济的拉动作用位于全部产业的拉动作用平
均水平之下。影响力系数=1，说明该产业对国民经济
的拉动作用是全部产业的拉动作用平均水平。

影响力系数计算公式如下：

$$某产业影响力 = \frac{逆矩阵纵列系数平均值}{全部产业纵列系数平均值的平均值}$$

即

$$T_i = \frac{\dfrac{1}{n}\sum_{j=1}^{n}\bar{b}_{ij}}{\dfrac{1}{n^2}\sum_{i=1}^{n}\sum_{j=1}^{n}\bar{b}_i}(i,j = 1,2,\cdots,n) \quad (11.6)$$

利用里昂惕夫逆矩阵计算三个产业的影响力系数分
别是 0.862 4、1.205 4、0.932 2，系数表明第一产业
每增加 1 个单位最终使用时，对其他产业影响程度是
0.862 4；第二产业每增加 1 个单位最终使用时，对其
他产业影响程度是 1.205 4；第三产业每增加 1 个单位
最终使用时，对其他产业影响程度是 0.932 2。

第十二章　社会物理学研究方法

运用物理学(后扩展为自然科学)的思维方式、基本定理和专业方法，经过有效拓展和理性修正，用来揭示和寻求社会行为规律和经济运行规律的交叉性学科，称为社会物理学。其中地理学中最常用的是引力模型和重心模型。

第一节　引力模型

万有引力理论认为，具有质量的物体之间会产生的相互作用，作用力的大小和物体的质量以及两个物体之间的距离有关系。物体的质量越大，它们之间的万有引力就越大；物体之间的距离越远，它们之间的万有引力就越小。万有引力计算公式如下：

$$F = G\frac{m_1 \times m_2}{r^2} \tag{12.1}$$

式中，m_1、m_2 为两个物体的质量，r 为两个物体之间的距离，G 为引力常数。

自然界不存在绝对孤立的事物，各种自然现象相互联系、相互制约。同样，社会经济现象也是相互联系、互相影响的，从统计学上来看存在一定的规律性。社会经济现象也符合地理学第一定律，即事物之间的相互作用随着距离的增加而逐渐减弱。因此万有引力计算公式也适合分析社会经济现象。学者们根据万有引力计算公式，对公式中质量采用贸易量、GDP、旅游人数等指标来代替，为了简化分析，常省略引力常数或简化为1，由此产生可以广泛应用的引力模型。

自 20 世纪三四十年代引力模型开始被引入社会科学领域，因其结构简单、易于理解而被应用于国际贸易、区域人口流动、城市间的相互作用力、旅游地等方面。

一、国际贸易中的应用

国际贸易是经济地理研究中的重要内容。荷兰经济计量学家 Tinbergen 和德国经济学家 Poyhonen 在 20 世纪 60 年代初，几乎同时提出利用引力模型来研究国际贸易，认为国家之间贸易流动主要取决于用 GDP 测量的国家经济规模和两国之间的地理距离。国际贸易引力模型基本形式：

$$F = \frac{G_1 \times G_2}{D} \qquad (12.2)$$

式中，F 为两国之间的贸易额或者贸易引力，G_1、G_2 为两国之间的经济总量，D 为两国之间的距离，常用两国经济中心之间的距离或主要港口之间的距离表示。

二、城市间吸引力

城市间吸引力计算公式：

$$F = \frac{m_1 \times m_2}{r^2} \qquad (12.3)$$

式中，F 为两个城市之间的吸引力，m_1、m_2 为两个城市的 GDP 或者人口规模，也可以是若干指标的几何平均值，r 为两个城市之间的距离。

三、人口迁移

1880 年，英国人口统计学家莱温斯坦首次将引力模型用于人口分析，此后美国社会学家齐普夫将此用于人口迁移，此后引力模型被许多学者用来研究人口迁移。人口迁移引力模型如下：

$$F = \frac{p_1 \times p_2}{D} \tag{12.4}$$

式中，p_1、p_2 为两地的人口数量，D 为两地之间的距离。

四、旅游地引力模型

旅游目的地和客源地距离、经济发展程度、景区质量等都对旅游发展有影响，因此旅游地吸引力也适用于旅游研究。学者们对旅游地引力模型研究也较早，目前应用的模型主要由 Crampon 引力模型发展而来，其基本形式如下：

$$T_{ij} = G \frac{P_i A_j}{D_{ij}^b} \tag{12.5}$$

式中，T_{ij} 为客源地 i 与目的地 j 之间的吸引力，P_i 为客源地的人口规模、富裕程度、出游人数等指标，A_j 为旅游目的地的旅游景区等级、游客满意度等指标，D_{ij} 为客源地和目的地之间的距离，G 和 b 是经验参数。

当然，引力模型也有不足之处，主要是缺乏理论基础，在用于解释和预期目的分析方面受到较大的限制。

第二节 重心模型

物理学中的重心是物体处于任何方位时所有各组成支点的重力的合力都通过的那一点。规则而密度均匀物体的重心就是它的几何中心。在地理学中重心是指区域空间上存在某一点，在该点前后左右各个方向上的力量对比能够维持平衡。19世纪末美国学者弗·沃尔克首次应用重心模型研究人口问题。国内学者从20世纪80年代起引入区域重心的概念及其在时间序列上的变化，用以研究区域差异的动态演化过程。学者们在此基础上引申出人口重心、经济重心、工业重心、就业重心、污染重心等问题并予以研究。一般重心计算公式如下：

$$X = \frac{w_1 x_1 + w_2 x_2 + w_3 x_3 + \cdots + w_n x_n}{W} \tag{12.6}$$

$$Y = \frac{w_1 y_1 + w_2 y_2 + w_3 y_3 + \cdots + w_n y_n}{W} \tag{12.7}$$

式中，X、Y表示物体重心的位置，w_1、w_2、$\cdots$、w_n表示物理分割为若干部分后各部分的重量，x_1、y_1、x_2、y_2、$\cdots$、x_n、y_n表示各部分的位置（如坐标）。在此基础上，假设一个大区域由若干小区域构成，第i区域的中心坐标为(X_i, Y_i)，M_i表示区域的某一属性值，由此可以计算出区域某一属性重心位置，计算公式如下：

$$\overline{x} = \frac{\sum\limits_{i=1}^{n} X_i M_i}{\sum\limits_{i=1}^{n} M_i} \tag{12.8}$$

$$\overline{y} = \frac{\sum\limits_{i=1}^{n} Y_i M_i}{\sum\limits_{i=1}^{n} M_i} \tag{12.9}$$

式中，X_i、Y_i 是坐标系中的经纬度，在研究中常选用区域行政中心的经纬度来计算，经纬度可以由谷歌地球等软件获得。M_i 可以是区域人口数量、GDP、污染物数量、就业人数、耕地面积、粮食产量等，由此可以计算出区域不同属性的重心位置。当区域重心位置和区域几何中心不重合时，就表明这一空间现象分布具有不均衡性。将长时间序列的重心计算出来，并绘制成图，就可以分析某一属性在区域的重心移动轨迹，并可以根据经纬度数值分析横向、纵向偏移方向和距离。

参考文献

References

［1］贾俊平．统计学［M］．第 2 版．北京：清华大学出版社，2006．

［2］［美］S·伯恩斯坦，R·伯恩斯坦．统计学原理［M］．史道济，译．北京：科学出版社，2002．

［3］王铮，丁金宏．理论地理学概论［M］．北京：科学出版社，1994．

［4］王铮，邓悦，葛昭攀，等．理论经济地理学［M］．北京：科学出版社，2002．

［5］张涵，朱竑．定性地理信息系统及其在人文地理学研究中的应用［J］．世界地理研究，2016，25(1)：125—136．

［6］甘勇，尚展垒，郭清溥，等．大学计算机基础［M］．第 4 版．北京：人民邮电出版社，2015．

［7］王文森．变异系数——一个衡量离散程度简单而有用的统计指标［J］．中国统计，2007(6)：41—42．

［8］曹杰，陶云．中国的降水量符合正态分布吗？［J］．自然灾害学报，2002，11(3)：115—120．

［9］段海花，侯学源，郝建平，等．东江流域汛期降水时空分布的非均一性特征［J］．广东气象，2014，36(1)：33—37．

［10］孟彩侠，黄领梅，沈冰，等．近半个世纪来和田地区气温变化分析［J］．干旱区资源与环境，2017，21(1)：51—53．

［11］刘静玲，李毅，史璇，等．海河流域典型河流沉积物粒度特征及分布规律［J］．水资源保护，2017，33(6)：9—19．

［12］王长江，郝华荣．统计学原理［M］．北京：国防工业出版社，2006．

［13］张晶，封志明，杨艳昭．洛伦兹曲线及其在中国耕地、粮食、人口时

空演变格局研究中的应用[J]. 干旱区资源与环境，2007，21(11)：63—67.

[14] 林金堂. 空间罗伦兹曲线集中化指数的计算方法研究[J]. 闽江学院学报，2003，24(5)：76—79.

[15] 王洪芬. 计量地理学概论[M]. 济南：山东教育出版社，2001.

[16] 肖成权，杨美玲，韦静静，等. 银川市城市收缩现象的研究[J]. 宁夏工程技术，2018，17(3)：226—230.

[17] 柴玲欢，朱会义. 中国粮食生产区域集中化的演化趋势[J]. 自然资源学报，2016，31(6)：908—919.

[18] http：//www. stats. gov. cn/ztjc/ztfx/grdd/201302/t20130201_59099. html.

[19] 鲁凤，徐建华. 基于二阶段嵌套锡尔系数分解方法的中国区域经济差异研究[J]. 地理科学，2005，25(4)：401—407.

[20] 史政达，王明新. 我国工业烟(粉)尘排放量区域差异的泰尔指数分析[J]. 苏州科技学院学报(自然科学版)，2015，32(4)：73—78.

[21] 蒋书法. 相关系数在回归分析中的应用[J]. 上海电力学院学报，1999，15(1)：34—39.

[22] 徐维超. 相关系数研究综述[J]. 广东工业大学学报，2012，29(3)：12—17.

[23] [美]大卫·弗里德曼，[美]罗伯特·皮萨尼，[美]罗杰·珀弗斯，等. 统计学[M]. 魏宗舒，施锡铨，林举干，等，译. 北京：中国统计出版社，1997.

[24] 宋廷山. 相关系数统计量的功能及其应用探讨——以 SPSS 为分析工具[J]. 统计教育，2008(11)：27—31.

[25] 严丽坤. 相关系数与偏相关系数在相关分析中的应用[J]. 云南财贸学院学报，2003，19(3)：78—80.

[26] 陈黎明，邓玲玲. 基于典型相关分析的 3E 系统协调度评价研究[J]. 统计与信息论坛，2012，27(5)：24—29.

[27] 张淑辉，陈建成，张立中，等. 农业经济增长及其影响因素的典型相

关分析——以山西为例[J]. 经济问题，2012(5)：85－88.

[28] [美]S·韦斯伯格. 应用线性回归[M]. 王静龙，梁小筠，李宝慧，译.
北京：中国统计出版社，1998.

[29] 章晓英. 虚拟变量在线性回归模型中的应用[J]. 重庆工业管理学院学
报，1998，12(2)：84－88.

[30] 陈四辉，王亚新. 我国高新技术产业省区差异与投入绩效实证研究[J].
经济地理，2015，35(2)：120－126.

[31] 何晓群. 多元统计分析[M]. 第5版. 北京：中国人民大学出版
社，2019.

[32] http：//blog. sina. cn/dpool/blog/s/blog_80ff897c0101gj24. html.

[33] 陈胜可. SPSS统计分析从入门到精通[M]. 第2版. 北京：清华大学
出版社，2013.

[34] 张淑红，杨万才，武新乾. "十二五"时期河南省人均GDP预测[J].
数理统计与管理，2014，33(3)：394－399.

[35] 秦华光，李家才，穆丹，等. 时间序列自回归模型预测茶园小绿叶蝉
种群动态的探讨[J]. 安徽农业科学，2008，35(4)：564－570.

[36] 张智光. 季节性时间序列预测方法的评述与改进设想[J]. 预测，
1993(2)：62－66.

[37] 林德荣，张军洲. 旅游时间序列的季节性特征研究——以城市入境旅
游为例[J]. 旅游学刊，2015，30(1)：63－71.

[38] 徐建华. 计量地理学[M]. 第2版. 北京：高等教育出版社，2014.

[39] 韩胜娟. SPSS聚类分析中数据无量纲化方法比较[J]. 科技广场，
2008(3)：229－231.

[40] 吴元奇，冯荣扬. 聚类分析计算方法的理论及结果比较[J]. 湛江海洋
大学学报，2002，22(1)：57－63.

[41] 郝春旭，董战峰，葛察忠，等. 基于聚类分析法的省级环境绩效动态
评估与分析[J]. 生态经济，2015，31(1)：154－157.

[42] 禹洋春，刁承泰，蔡朕，等. 基于聚类分析法的西南丘陵山区县域土
地利用分区研究[J]. 农学通报，2014，30(2)：227－232.

[43] 耿红，宣莹莹，蔡夏童，等．太原市 2014 年春节期间常规大气污染物浓度变化及聚类分析[J]．环境科学学报，2015，35(4)：965—974.

[44] 韩微，翟盘茂．三种聚类分析方法在中国温度区划分中的应用研究[J]．气候与环境研究，2015，20(1)：111—118.

[45] 王莺，王静，姚玉璧，等．基于主成分分析的中国南方干旱脆弱性评价[J]．生态环境学报，2014，23(12)：1897—1904.

[46] 黄安，杨联安，杜挺，等．基于主成分分析的土壤养分综合评价[J]．干旱区研究，2014，31(5)：819—825.

[47] 严红萍，俞兵．主成分分析在遥感图像处理中的应用[J]．资源环境与工程，2006，20(2)：168—170.

[48] 唐功爽．基于 SPSS 的主成分分析与因子分析的辨析[J]．统计教育，2007(2)：12—14.

[49] 韩小孩，张耀辉，孙福军，等．基于主成分分析的指标权重确定方法[J]．四川兵工学报，2012，33(10)：124—126.

[50] 郭显光．如何用 SPSS 软件进行主成分分析[J]．统计与信息论坛，1998(2)：60—64.

[51] 廖捷，胡豪然，陈功．叠加马尔科夫链在年降水量预测中的应用[J]．安徽农业科学，2012，40(9)：5532—5533，5604.

[52] 杨锦伟，孙宝磊．基于灰色马尔科夫模型的平顶山市空气污染物浓度预测[J]．数学的实践与认识，2014，44(2)：64—70.

[53] 杜际增，王根绪，李元寿．基于马尔科夫链模型的长江源区土地覆盖格局变化特征[J]．生态学杂志，2015，34(1)：195—203.

[54] 黄麒元，王致杰，王东伟，等．马尔科夫理论及其在预测中的应用综述[J]．技术与市场，2015，22(9)：12—16.

[55] 孙伟．层次分析法应用研究[J]．市场研究，2008(12)：35—39.

[56] 邓雪，李家铭，曾浩健，等．层次分析法权重计算方法分析及其应用研究[J]．数学的实践与认识，2012，42(7)：93—100.

[57] 何超，李萌，李婷婷，等．多目标综合评价中四种确定权重方法的比较与分析[J]．湖北大学学报(自然科学版)，2016，38(2)：172—178.

[58] 许树柏．层次分析法原理[M]．天津：天津大学出版社，1988．

[59] 许绍双．Excel 在层次分析法中的应用[J]．中国管理信息化，2006，9(11)：17—19．

[60] 卢仲达，张江山．层次分析法在环境风险评价中的应用[J]．环境科学导刊，2007，26(3)：79—81．

[61] 孟宪林．层次分析法在环境质量评价中的不足与改进[J]．四川环境，2001，20(1)：50—52．

[62] 郭永．层次分析法在经济决策中的应用探析[J]．中共郑州市委党校学报，2007(5)：74—75．

[63] 屈正庚．层次分析法在旅游评价体系中的研究[J]．计算机技术与发展，2016，26(7)：169—173．

[64] 夏波，陈正伟．投入产出系数新作用的变动研究[J]．重庆工商大学学报(自然科学版)，2012，29(3)：42—45．

[65] 宋克勤，徐信虎．浅谈投入产出法在大中型企业中的应用[J]．华东经济管理，1993(5)：18—21．

[66] 许新宜，杨中文，王红瑞，等．水资源与环境投入产出研究进展及关键问题[J]．干旱区地理，2013，36(5)：818—830．

[67] 刘建兴，王青，顾晓薇，等．投入产出法在我国生态足迹研究中的应用[J]．东北大学学报(自然科学版)，2007，28(4)：592—595．

[68] 毛剑峰．我国产业结构分析——基于投入产出法的实证研究[J]．经济纵横，2005(6)：15—17．

[69] 何其祥．投入产出分析[M]．北京：科学出版社，1999．

[70] 郭海明．试论直接消耗系数在投入产出分析中的核心地位[J]．内蒙古民族大学学报：自然科学版，2014，29(4)：380—383．

[71] 王燕，宋辉．影响力系数和感应度系数计算方法的探析[J]．价值工程，2007(4)：40—42．

[72] 向蓉美．投入产出法[M]．第 3 版．成都：西南财经大学出版社，2018．

[73] 钟契夫．投入产出分析[M]．北京：中国财政经济出版社，1987．

[74] [美]沃西里·里昂惕夫．投入产出经济学[M]．崔书香，译．北京：

商务印书馆，1982.

[75] 谷克鉴．国际经济学对引力模型的开发与应用[J]．世界经济，2001
   (2)：13—25.

[76] 赵立萍．基于引力模型的中国双边贸易流量研究[J]．经济论坛，2012
   (11)：17—21.

[77] 郝景芳，马弘．引力模型的新进展及对中国对外贸易的检验[J]．数量
   经济技术经济研究，2012(10)：52—68.

[78] 张群生，颜苇．基于引力模型的贵州省城市空间格局研究[J]．西南师
   范大学学报(自然科学版)，2015，40(5)：101—106.

[79] 朱小川，吴建伟，吴培培，等．引力模型的扩展形式及对中国城市群
   内部联系的测度研究[J]．城市发展研究，2015，22(9)：43—50.

[80] 马伟，王亚华，刘生龙．交通基础设施与中国人口迁移：基于引力模
   型分析[J]．中国软科学，2012(3)：69—78.

[81] 李涛，陶卓民．基于引力模型的城市旅游客源市场分析研究——以济
   南为例[J]．南京师大学报(自然科学版)，2014，37(3)：137—141.

[82] 丘萍，张鹏．基于引力模型的水利旅游流影响因素研究[J]．旅游研
   究，2015，7(1)：41—49.

[83] Bergstrand, J. H. The Gravity Equation in International Trade：
   Some Microeconomic Foundations and Empirical Evidence. The
   Review of Economics and Statistics[J]. 1985，67(3)：474—481.

[84] 廉晓梅．我国人口重心、就业重心与经济重心空间演变轨迹分析[J]．
   人口学刊，2007(3)：23—28.

[85] 彭远新，林振山．中国能源消费与经济重心偏移分析[J]．统计与决
   策，2009(13)：97—98.

[86] 黄娉婷，张晓平．大都市区工业重心时空变动轨迹分析：以天津市为
   例[J]．经济地理，2012，32(3)：89—95.

[87] 牛文元．社会物理学：学科意义与应用价值[J]．科学，2002，54(3)：
   32—35.

[88] 盛骤，谢式千，潘承毅．概率论与数理统计[M]．第4版．北京：高

等教育出版社，2008.

［89］薛薇．统计分析与 SPSS 的应用［M］．第 5 版．北京：中国人民大学
出版社，2017.

［90］侯景新，尹卫红．区域经济分析方法［M］．北京：商务印书馆，2004.

［91］山东统计局．山东统计年鉴（2016）［M］．北京：中国统计出版
社，2016.

［92］唐志鹏，刘红光，刘志高，等．经济地理学中的数量方法［M］．北京：
气象出版社，2012.

后　记

经过漫长的资料收集和写作阶段，书稿总算顺利完成。在此过程中，深刻感受到需要学习的东西还有很多，统计学、数学的理论基础和应用都有不足之处，同时地理学方面的应用也有欠缺。

地理学涉及范围很广，有自然地理、人文地理等分支学科，同时这些分支学科又包含许多小的分支学科。鉴于自然地理方面对定量化方法要求不是太多，本书中主要的例子多是人文地理方面的东西。地理学定量方法很多，有些还非常难以理解和操作，本书主要挑选比较常用的方法来论述，过难的内容则没有包含进去。有兴趣的读者可以参阅更加专业的书籍学习。

书中涉及的内容较多，使用、阅读的文献数量很大，参考文献不能一一列举，也难免有所遗漏，敬请谅解。有些图片源于网络，不方便联系制作者，在此表示歉意和感谢！

感谢枣庄学院给予出版资金支持。

著　者